Die Hochspannungs-Gleichstrommaschine

Eine grundlegende Theorie

von

Dr. A. Bolliger

Elektro-Ingenieur in Zürich

Mit 53 Textfiguren

Berlin

Verlag von Julius Springer

1921

ISBN-13: 978-3-642-89557-9   e-ISBN-13: 978-3-642-91413-3
DOI: 10.1007/978-3-642-91413-3

Vorwort.

Die Hochspannungs-Gleichstrommaschine ist ein Erfindungsprojekt, welchem ich mich erstmals während meines Ferienaufenthaltes in Vals, Kt. Graubünden (Schweiz) im Monat September 1917 zuwandte. Mein Begleiter, Karl Knoch, Sohn des Fabrikanten Philipp Knoch in Klagenfurt, anerbot sich, mir mit den nötigen Barmitteln an die Hand zu gehen, um den Bau einer ersten Versuchsmaschine zu verwirklichen. Dies geschah vom Monat Juli 1918 bis zum Monat Juli 1919. Hierauf gab Herr Prof. Dr. K. Kuhlmann von der Eidg. Techn. Hochschule seine Zustimmung, daß die Prüfversuche im Elektrotechnischen Hochschullaboratorium durchgeführt werden konnten. Ich wurde dabei durch die Elektrotechnik-Studierenden H. Naeff und G. Schläpfer unterstützt und kam zu einem endgültigen Abschluß Anfang Februar 1920. Es handelte sich des weitern darum, sämtliche Studien in einer einheitlichen und zusammenhängenden Abhandlung zur Darstellung zu bringen, wie solche zum Inhalte dieses Buches goworden ist. Hierbei hat mir hauptsächlich Herr Dr. V. Andreae, Musikdirektor in Zürich, die Wege geebnet.

Ich bin jedem, der an diesem Werke mitgewirkt hat, zu besonderem Danke verpflichtet und betrachte es als eine besondere Ehrung für mich, daß Herr Dr. Andreae die Dedikation der Abhandlung angenommen hat.

Zürich, im März 1921.

Der Verfasser.

Inhaltsverzeichnis.

Einleitung.

Seitdem die Gleichstrommaschinen sich aus ihren ersten An-
fängen von Faraday[1]) und Pixii[2]) durch die Erfindungen von
Pacinotti, Gramme, Hefner-Alteneck und Siemens[3]) zu den
bekannten klassischen Maschinen entwickelt hatten, hat die Gleich-
stromtechnik in den achtziger Jahren des vorigen Jahrhunderts
einen raschen Aufschwung genommen. Es hat zunächst so geschienen,
als ob sie sich die Elektrotechnik ganz erobern würde. Dies wäre
der Fall gewesen, wenn nicht gleich darauf (gegen 1890) die Entwicklung der Wechselstromsysteme eingesetzt hätte. Die Vorzüge
des Wechselstromes (kommutationsfreie Erzeugung und Spannungs-
transformierung) waren beim Gleichstrom durch nichts Entsprechen-
des beizubringen. Er hat sich deshalb nur für Spezialzwecke
(elektrolytische Prozesse der chemischen Industrie usw.) behauptet, bei
welchen die Energie an demselben Ort erzeugt und verbraucht wird.
Für die Überlandverteilung hingegen ist der Wechselstrom in sein
Recht getreten.

Heute hat nun gleichsam eine neue Epoche eingesetzt, wo der
Gleichstrom wieder wichtiger zu werden scheint; hauptsächlich
wegen der Elektrifizierung der Vollbahnen. Seine Benützung stellt
indes größere Anforderungen an die Erzeuger und Verbraucher.
Wirtschaftlich ist sie nur dann, wenn gegen früher die Betriebsspannungen erhöht werden. Es gibt dazu verschiedene Wege und
verschiedene sind wohl probiert worden. Am naheliegendsten war
es, vorerst die gegebenen Maschinenprinzipe darauf zu versuchen.

---

[1]) Faraday, Experimental Researches in Electricity, Bd. 1 (1832),
Nr. 135 u. ff.

[2]) Poggendorff-Annalen, Bd. 27 (1832), S. 390, 394, 398. Mitteilungen
auf der Pariser Akademie durch die Herren Hachette und Ampère.

[3]) Pacinotti, Nuovo Cimento, Bd. 19, Reihe I (1865), S. 378 und
Bd. 12, Reihe II (1874), S. 140. — Gramme, Comptes Rendues, Bd. 73 (1871),
S. 175 und Bd. 75 (1872), S. 1497. — Hefner-Alteneck, Erfindung (1872),
Beschreibung in Zeitschr. f. Elektrotechnik, Wien, Bd. V, S. 273. — Siemens,
Mitteilung in der Akademie der Wissenschaften zu Berlin am 17. Januar 1867
und Poggendorff-Annalen, Bd. 130 (1867), S. 332.

Das Nötigste sei hier besprochen, Geeignetes und Ungeeignetes als solches erkannt.

Das älteste Prinzip zur Erzeugung gleichpolarisierter Elektrizität findet man bei den Elektrisier- und Influenzmaschinen (v. Guericke 1671 und Holz 1865). Desgleichen bei den in ähnlicher Weise funktionierenden sogenannten elektrostatischen Gleichstrommaschinen. Diese beruhen teils auf den Wirkungen der Reibungs-, teils der Ferninfluenz. Die Elektrizität erscheint als Raumladungen in Isolatoren oder auf Konduktoren angehäuft, ist somit „statische Elektrizität". Dies ist der springende Punkt, warum es nie gelingt, nur einigermaßen reichliche Ströme zu entnehmen, und jeder Versuch, dies mit den gleichen Mitteln (d. h. durch sinnreiche Kapazitätsanordnungen usw.) zu umgehen, ist stets nur leere Utopie. — Bei den dynamo-elektrischen Maschinen ist dieser Mangel behoben. Diese arbeiten statt mit rein elektrischen, mit elektromagnetischen Feldern.

Die erste Idee zu einer Gleichstromdynamo ist verwirklicht in der Unipolarmaschine (Prinzip der Faradayschen Scheibe von 1832). Der „Anker" ist ein in quasi homogenem Magnetfeld rotierender scheibenförmiger oder zylindrischer Leiter, von dem die Spannung mittels Schleifbürsten entnommen wird. Eine solche Maschine wirkt gleichsam kommutationsfrei. Die Gleichspannung ist bestimmt durch die EMK zwischen den Bürsten. Leider läßt sich diese nicht beliebig vervielfachen. Einmal müßte der Anker mehrere induzierbare Leiter aufweisen, zudem deren Reihenschaltung mit Schleifkontakten erzielt werden. Es liegt dies an der unumstößlichen Wirbeleigenschaft des gleichviel wie gebildeten Erregermagnetfeldes. Man mag deshalb noch so sinnreiche Schaltanordnungen erfinden, kein Kunstgriff wird eine unipolare Hochspannungsmaschine ermöglichen.

Die modernen Gleichstrommaschinen haben ihren ersten Ursprung in der magnet-elektrischen Maschine der Mechaniker Pixii (1832 in Paris), bei der zur Erregung des Ankers permanente Stahlmagnete und zur Gleichrichtung des Wechselstromes eine selbsttätiggehende Wippe verwendet wurden. Praktisches Interesse haben aber die Gleichstrommaschinen erst nach 1860 erlangt. Durch die Ring- und Trommelwicklungen und Benützung eines Kollektors ist es gelungen, unpulsierenden Gleichstrom herzustellen. Ferner hat sich durch Erfindung des dynamo-elektrischen Prinzips (Siemens 1867), d. h. der mit Strommagneten erregten Maschinen auch der wichtige Schritt zur Erzeugung beliebiger Leistungen vollzogen. Den Maschinen nach dieser Konstruktion ist gemein, daß die Gleichspannung stets die Summe einer Reihe zwischen den Kollektorbürsten in gleicher Richtung wirkender Stab- bzw. Spulen-EMKe ist. Die Kommutation erfolgt, indem einzelne Wicklungselemente

(Spulen- oder Spulengruppen) zwischen den an ihre Enden geschlossenen Kollektorlamellen durch die Bürsten überbrückt und kurzgeschlossen werden. Die hierbei funkenfrei kommutierbare Lamellenspannung liegt erfahrungsgemäß etwa höchstens bei 50 Volt. Hohe Maschinenspannungen sind deshalb auch nur mit großen Ankerspulen- und Kollektorsegmentzahlen zu erreichen.

Der Ausbau von Hochspannungsmaschinen ist seit 1888 durch Thury in Genf unternommen worden. Benützt werden Trommelanker mit sog. „Reihenschaltung" der Wicklungen und vermehrter Kollektorlamellenzahl. Die Erregerwicklungen arbeiten mit dem Anker im Hauptschluß. Das Schwergewicht beruht bei der höchst individuellen Ankerkonstruktion auf der betriebssicheren Isolation sämtlicher stromführender Maschinenteile (Ankerkernbüchse und Kollektorring durch Glimmerpackungen gegen die Maschinenwelle usw.). Diese Maschinen sind ausschließlich für den Gebrauch in dem Gleichstromseriesystem für Kraftübertragung bestimmt. Sie arbeiten dort in der Generator- und Empfangsstation je in seriegeschalteten Aggregatgruppen. Das Reguliersystem bezweckt Belastungsstrom- und Tourenstabilisierung, so daß die Leistungsänderung der Übertragung sich in der Übertragungsspannung bzw. in den einzelnen hierzu beitragenden Aggregatspannungen bemerkbar macht. Die erste ausgeführte Anlage dieser Art (zu Genua 1890) und alle weiteren haben das einwandsfreie Verhalten dieses Systems und insbesondere der dafür verwendeten Maschinen im weitesten Sinne bestätigt. Eine große Zukunft winkt wohl dem Hochspannungsgleichstrom für die Großkraftübertragung, da ihm auch bei größeren Netzdistanzen nichts von den Mängeln des Wechselstromes (induktive Spannungsabfälle, Phasenverschiebungen im Netz, Betriebsfrequenzunterschiede beim Parallelschalten von Anlagen) anhaftet. — Indes muß hier beigefügt werden, daß die Entwicklung der Einrichtungen zur Erzielung der an die 100 000 Volt und mehr reichenden Betriebsspannungen bis heute noch nicht zum Abschluß gekommen ist. Gerade in neuerer Zeit sind verschiedene sog. Gleichrichtapparate bekannt und teilweise schon ausprobiert worden, die vielleicht für sich allein oder in Kombination mit anderem Zubehör den gleichen Zwecken dienen.

Eingebürgert hat sich bereits der Quecksilberdampf-Gleichrichter. Er ist nach der Wirkungsweise der von Arons i. J. 1896 erfundenen Quecksilberdampflampe durch Cooper Hewitt i. J. 1902 angegeben worden[1]). Beim Quecksilberdampf-Gleichrichter ist zum

---

[1]) Arons, Wiedemann Annalen, Bd. 58 (1896), S. 73. — Cooper Hewitt, Deutsches Reichspatent Nr. 157642 vom 19. Dez. 1902.

erstenmal die bei im Vakuumgefäß verdampfenden Metallen beobachtete Eigenschaft der gerichteten Elektronen- bzw. Ionenstromwanderung zur Gleichrichtung von Wechselströmen nutzbar gemacht. Die Phasen liegen zwischen gesonderten Wechselstromanoden und einer gemeinschaftlichen aus Quecksilberflüssigkeit gebildeten Gleichstromkathode. Sie werden stromführend, wenn ihre Spannung durch den Dampfraum ein Spannungsgefälle hervorruft und bleiben sonst leerlaufend. Bei Mehrphasenwechselstrom werden somit aus den einzelnen Phasen nur die positiven Stromimpulse durchgelassen, die negativen unterdrückt. Die leitende Dampfatmosphäre wird an der Kathode entweder durch einen Hilfsstromlichtbogen oder direkt durch den Lichtbogen des gleichzurichtenden Arbeitsstromes erzeugt. Der Dampf steigt dort auf und berührt die Anoden, die in Betrieb treten. Es ist dabei nicht ausgeschlossen, daß bei zu starker Belastung oder Spannungsbeanspruchung des Gleichrichters auch die Anoden Rückzündungen und Rückströme erhalten. Dies zu vermeiden ist man gehalten, den Quecksilberdampf-Gleichrichter zur Erzeugung von etwa höchstens 1000—2000 Volt zu beschränken.

Die Cooper Hewitt-Gleichrichter sind seit 1909 durch Schäfer in Baden zu Großgleichrichtern umgearbeitet worden. Verschiedene technische Mängel wurden beseitigt. Der Glaskörper ist durch eine Stahlkammer ersetzt worden, in welche sämtliche Elektroden isoliert eingeführt sind. Die Anwendung künstlicher Kühlung ergab sich dann leicht, so daß die Stromstärke sich verzehnfachen konnte. Verschlechtert hat sich der Gleichrichter nur betreffs Erhaltung des Hochvakuums, wozu fortwährend die nötigen Pumpen zur Stelle sein müssen. Es bleibt deshalb jetzt und auch für später fraglich, ob der Großgleichrichter sich dem Glasgleichrichter stets ebenbürtig zeigt. Zu bedenken gäbe dies schon, wenn durch irgend ein Mittel die elektrische Leistung mittels Gleichrichters bei wesentlich höherer Spannung umgeformt werden könnte — indes die direkte Hintereinanderbenützung verschiedener Einheiten (ohne die Verwendung von Spezialtransformatoren zur Spannungsteilung) versagt. Der zu richtende Wechselstrom verlöre hierbei seinen Phasencharakter (die Eigenschaft der bei ihm getrennten Phasen) schon beim ersten Typ einer Gruppenserie und damit seine Fähigkeit zur Phasengleichrichtung bei den übrigen Typen. Die Umformung großer Leistungen gelingt nur im Parallelbetrieb und auch so nur mit Hindernissen. In den parallelgeordneten Ventilen von Umformergruppen wird die Stromteilung schon durch geringe Ventilspannungsunterschiede vereitelt, sie wird nur bei Selbstregelung der Spannungen (durch Drosseln usw.) möglich.

In neuester Zeit hat sich noch die bereits i. J. 1900 von Fleming als Detektor ausprobierte Glühkathodenröhre in abgeänderter

Ausführung als Gleichrichtapparat eingeführt[1]). Röhren nach dieser Art sind fast absolut gasfrei. Sie ermöglichen den Stromdurchgang lediglich durch Elektronen, welche von einer vermittels Hilfsstromes glühend gehaltenen Wolframkathode emittiert werden. Die transportablen Elektrizitätsmengen sind selbstverständlich gering, um so höher aber die zulässigen Spannungen. Es sind schon Versuche bis gegen 40000—80000 Volt gleichgerichteter Spannung wenigstens im Laboratorium verwirklicht worden. Für Großbetrieb ist sie aber wegen ihrer geringen energetischen Leistungsfähigkeit und wegen der allmählichen Zerstäubung des Kathodenmaterials in Frage gestellt. Am schlimmsten ist gerade der letzte Punkt, weil nach längerem Gebrauch auch die Isolation des überstäubten Vakuumgefäßes unsicher werden muß, und bei hohen Spannungen Stromrückschläge dann auch nicht ganz ausgeschlossen sind. Die Glühkathodenröhre hat aber einiges Interesse durch die glückliche Eigenschaft ihres Sättigungsstromes, der ihre eigene Überlastung oder einer daranhängenden Anlage durch einen nicht zu überschreitenden Höchststrom begrenzt.

Ich glaube durch das Referat bis hier den bestehenden wichtigeren Einrichtungen zur Gleichstromerzeugung gleichsam in der Ordnungsfolge ihrer historischen Entwicklung Platz eingeräumt zu haben. Das umfassende Urteil gibt der Behauptung recht, daß die elektrostatischen Gleichstrommaschinen mangels Eignung für Hochleistungsbetrieb und die unipolaren Gleichstrommaschinen mangels Eignung zur Spannungsserieschaltung für industrielle Hochspannungs-Gleichstrombetriebe von vornherein außer Betracht stehen. Die mechanisch-kommutierenden Gleichstrommaschinen nach der klassischen Bauart sind hierzu wohl geeignet, doch steht in Zweifel, ob sie hierfür immer noch konstruktiv einfach und wirtschaftlich sind. Die neueren Einrichtungen zur Gleichstromerzeugung, Metalldampfgleichrichter und Glühkathodenröhre, sind vielversprechend, erweisen zunächst aber eine gewisse Unfähigkeit für manche Betriebszwecke. Beim Quecksilberdampf-Gleichrichter sind als Betriebsspannungen bestenfalls einige Kilovolt und bei der Glühkathodenröhre als Betriebsströme einige Hundert Milliampere noch zulässig. Des weiteren ist es in beiden Fällen nicht gelungen, von einem Wechselstrom beide (d. h. die positiven und die negativen) Halbwellen für die Gleichstromerzeugung in entsprechender Weise auszunützen. Zudem hat sich die Umkehr des Problems der Gleichrichtung d. h. die Verwandlung von Gleichstrom in Wechselstrom als unerfindlich gezeigt.

---

[1]) **Fleming**, British Patent Specification, Nr. 24850, vom 16. Nov. 1904.

Wenn nach diesem Bestand also ersichtliche Lücken vorhanden sind, so gibt es wohl eine Berechtigung, zu deren Beseitigung Vorschläge zu machen. Es ist das Ziel der sich anschließenden Abhandlung hierzu beizutragen. Die neue „Hochspannungs-Gleichstrommaschine" ist gleichsam eine Vermittlung zwischen den mechanisch-kommutierenden Maschinen und den mittels elektrischen Ventilen wirkenden Gleichrichtern. Die Umformung zwischen Wechselstromanker und Gleichstromnetz erfolgt durch eine aus Bürstenkommutator und Ventilgleichrichter bestehende Kommutiervorrichtung. Diese Apparate haben aber zu den sonst üblichen Voraussetzungen andere Funktionstätigkeiten. Der Kommutator arbeitet lediglich als ein bei leerlaufenden Phasen kontaktmachender Spannungsschaltapparat, ohne jede Stromwendung unter den Bürsten. Der Gleichrichter hingegen wirkt als ein durch die Betriebsphasenspannungen gesteuerter Stromwendeapparat, jedoch bei lediglich teilweiser Beanspruchung durch die Wechselspannungen. Ihrem Funktionsprinzip nach ist die neue Gleichstrommaschine die denkbar universellste. Ihre Anwendung kann sich über das Nutzgebiet der heutigen Gleichstrom-Kollektormaschine erstrecken und weit darüber hinaus. Der Bereich ihrer Betriebsspannung ist viel weniger begrenzt wie bei jener, und es ist nicht ausgeschlossen, daß sie dereinst auch für das Seriekraftübertragungssystem für gut befunden wird. Mit einem Schlag befreit sie zudem nahezu restlos die Gleichrichterventilapparate von den oben gerügten, scheinbar prinzipiellen Mängeln.

Was im Rahmen dieser Arbeit erreicht ist, ist indes nicht viel. Es ist nur ein Anfang zu etwas, das noch nicht ist, und ob die Verwirklichung dieser Ziele sich erfüllt, hängt nur davon ab, ob die Fachwelt dies will.

Theoretischer Teil.

I. Arbeits- und Konstruktionsprinzip.

Eine dynamo-elektrische Hochspannungs-Gleichstrommaschine, bei welcher der Gleichstrom durch einen Mehrphasenbetrieb erzeugt (Generator) oder umgekehrt ein Mehrphaseninduktor aus einem Mehrphasennetz angetrieben wird (Motor), muß die folgenden a priori zu erfassenden Eigenschaften auf sich vereinigen. — Die Hochspannungsphasen (des mittels Gleichstrompolen erregten Mehrphasenankers) lösen sich in einer Parallelschalt-Kommutierung ab, während welcher die Phasenspannungen und Phasenströme auf den Gleichstromkreis parallel arbeiten (Phasenspannungs-Parallelschaltung, Phasenstrom-Superposition). Der Kommutationsvorgang vollzieht sich vermittels zwei Apparaten in zwei getrennten und mit Phasenzeitverschiebung sich abspielenden Schritten, — einer „Spannungskommutation" (Phasenspannungsschaltung) durch einen bürstenkontaktgebenden Lamellenkommutator und einer „Stromkommutation" (Phasenstromgleichrichtung) durch einen elektro-kinetisch wirksamen Ventilgleichrichter. Der Kommutator wird der Wechselfrequenz des Mehrphasenbetriebs durch mechanischen Antrieb synchron betätigt, und der Gleichrichter durch die Ventilspannungsunterschiede der Kommutationsphasen. Diese Operationen sind dermaßen zusammenstimmend, daß jede Phase beim Schließen bzw. Öffnen des ihr zukommenden Kommutatorkontaktes durch ein in Reihe geschaltetes Gleichrichterventil stromlos gehalten wird (daher Kommutator in seiner Wirkung Leerlaufsschaltapparat) und daß bei zweien, den Strom zwischen ihren Gleichrichterventilen umleitenden Phasen der Phasenspannungsunterschied nur gleich einem vorgegebenen Teile der Gleichstromnetzspannung ist (somit Gleichrichter durch Betriebsteilspannung betätigter Stromwendeapparat).

Um die Arbeitsweise und Konstruktion der Maschine im Prinzip verständlicher zu machen, sollen an Hand der schematischen Fig. 1 (Elementarschaltung für Generator und Motor) Einzelheiten zur Erörterung gebracht werden. Hierin bedeuten ... $W_{\nu-1}$, W_ν, $W_{\nu+1}$ ... (im Verkettungspunkt 0) sterngeschaltete Ankerphasen, ... $S_{\nu-1}$, S_ν, $S_{\nu+1}$ ... die an die freien Phasenenden geschlossenen mech. Kommutatorkontakte (Hochspannungs-Trennmesser) und ... $V_{\nu-1}$, V_ν, $V_{\nu+1}$ ... die mit diesen in Reihe arbeitenden (nach einer gemeinschaftlichen Kathode K mündenden) Gleichrichterventile. Der Gleichstromnetzkreis schließt sich zwischen die Kathode K und den Phasenverkettungspunkt 0.

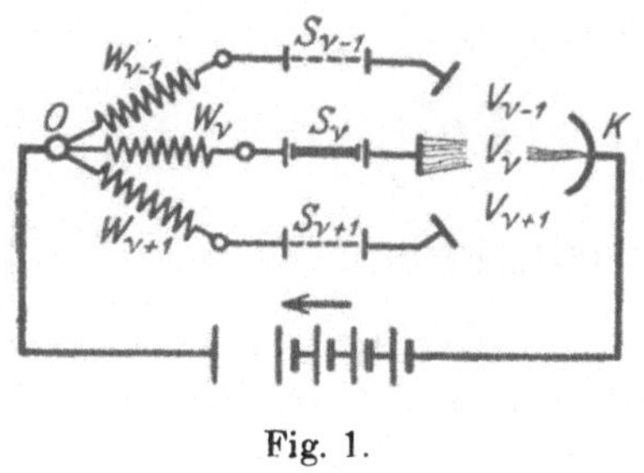

Fig. 1.

Bei den durch gerichtete Ionen- und -Elektronenströme wirkenden Ventilgleichrichtern (wie den Metalldampfgleichrichtern und Glühkathodenröhren) ist die Stromdurchlaßrichtung stets von den Anoden nach der Kathode, dementsprechend auch für den Betriebsstrom der Hochspannungs-Gleichstrommaschine vom Phasenpunkt 0 nach der Kathode K. Der Generator arbeitet jedoch mit den induzierten Spannungen stets aufs Netz, der Motor hingegen wird stets von der Netzspannung angetrieben, so daß nach dem Kirchhoffschen Satz über Spannungskreise für ideellen Leerlauf[1]) bzw. ganz schwache Belastung (bei im Betrieb geschlossenen Kommutarkontakten) die Gleichrichterventilspannungen sich darstellen als:

$$\text{Fall I:} \quad \mathfrak{v}_\nu = \mathfrak{e}_\nu - \mathfrak{e}_g, \quad \text{Generator}$$
$$\text{Fall II:} \quad \mathfrak{v}_\nu = \mathfrak{e}_g - \mathfrak{e}_\nu, \quad \text{Motor.}$$
$$[\mathfrak{e}_\nu \text{ Phasen-EMK}; \ \mathfrak{e}_g \text{ Netz-EMK}].$$

In Fall I ist also für Phasenstromdurchlaß die Phasenspannung $\mathfrak{e}_\nu$ stets größer (nämlich um den Gleichrichterspannungsabfall $\mathfrak{v}_\nu$) als die Gleichspannung $\mathfrak{e}_g$; in Fall II hingegen umgekehrt. Für Phasenstromunterbrechung haben die Ventilspannungen und mithin die Phasen-Gleichspannungsunterschiede ihr Zeichen zu wechseln. Dementsprechend zeigen Generator und Motor, — als Ausdruck, daß die Vereinigung von Phasenstromwellen zu Gleichstrom nicht auf dasselbe hinauskommt, wie die Zerlegung eines kontinuierlichen Strombandes zu diskreten Wechselstromstößen —, für die Phasenstromwendung direkt entgegengesetzte Stufenschritte in den Phasen-EMK-Verläufen.

---

[1]) Für „ideellen Leerlauf" ist der Maschinenanker ohne Betriebsstrom. — Da es aber bei Maschinen keinen verlustfreien Betrieb gibt, muß der Motor hierfür als Generator mit einer Leistung angetrieben werden, welche die Verlustleistung (aus Reibung und Eisenummagnetisierung) deckt.

Die idealen Phasen-EMK-Kurven sind in den Fig. 2 und 3 abgebildet. Jede EMK-Welle besitzt drei geradlinig begrenzte Spannungsstufen, und zwar eine mittlere „Betriebszone" β mit der eigentlichen Betriebsspannung $\mathfrak{E}$ und zwei äußere „Überlappungszonen" δ', δ'' mit der während der Kommutator-Kontaktschaltung vorhandenen Spannung $\mathfrak{F}$. Die Betriebszonen reihen sich für die aufeinanderfolgenden Phasen lückenlos aneinander und werden je durch die Überlappungszonen der vor- und nacheilenden Nachbarphasen überlappt.

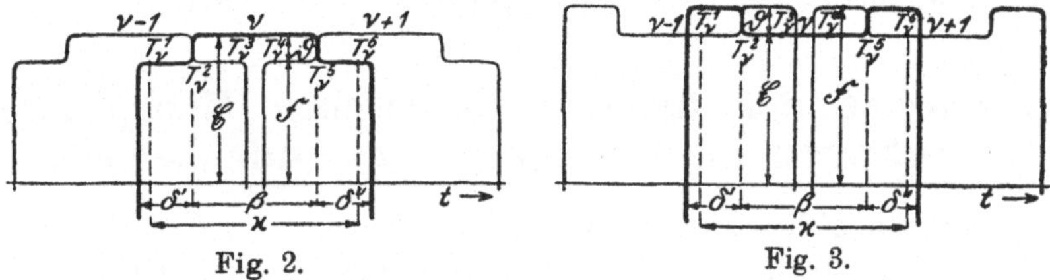

Fig. 2.Fig. 3.

Den Betrieb bei der Hochspannungs-Gleichstrommaschine hat man sich nun wie folgt zu denken. In einem Zeitmoment T_ν^1 wird der bis dahin geöffnete Kommutatorkontakt S_ν (Fig. 1) bei leerlaufender Phase geschlossen, im Moment T_ν^2 ändert der Phasenspannungsunterschied der Phase ν gegenüber der Phase $\nu - 1$ um die EMK $\mathfrak{D} = \mathfrak{E} - \mathfrak{F}$ und der Phasenstromdurchlaß beginnt (Phasenstrum i_ν entsteht, Phasenstrom $i_{\nu-1}$ klingt ab) und wird beendigt im Moment T_ν^3, von hier an folgt die Phasenvollbelastung, sie dauert bis zum Moment T_ν^4, dann setzt die Phasenstromunterdrückung ein (Phasenstrom i_ν wird verdrängt durch Phasenstrom $i_{\nu+1}$), und erledigt sich bis zum Moment T_ν^5 und die Phase kann in einem Zeitmoment T_ν^6 bereits wieder leerlaufend am Kommutatorkontakt geöffnet werden. Die Schließungszeiten $\varkappa$ der Kommutatorunterbruchsstellen haben sich also stets zwischen zwei in den Überlappungszonen eines Wellenimpulses liegenden Zeitpunkten zu erstrecken, der Gleichrichter wird dann zwischen zwei (in den Betrieb geschalteten) Anoden jeweils nur durch eine Spannung von der Größenordnung $\mathfrak{D}$ beansprucht und ist auch nur hiefür zu bemessen. Die Stromkommutationszeiten T hinwieder müssen ganz innerhalb des Kontaktüberlappungs-Intervalles der beiden Stromwendephasen fallen, der Kommutator ist dann ein Leerlaufsschaltapparat und nicht Stromwender wie gewöhnlich.

Die gestuften Spannungshalbwellen lassen sich elektro-dynamisch nach der Methode der Wechselspannungserzeugung erhalten, indem die Ankerphasenspulen durch ein nach der Form der Phasenspannungswellen verteiltes Erregerfeld bewegt werden. Ist dieses durch unumschaltbare Gleichstromamperewindungen hervorgerufen, so besteht vom Generator auf den Motor keine Umschaltbarkeit des Betriebes; dazu müßte das gegenüber dem Betriebszonenfeld schwächere Überlappungszonenfeld bedeutend verstärkt werden. Etwas absonderlich ist das Verhalten des Motor unter allen Umständen, da im stationären Belastungsgleichgewicht die Motor-Gegen-EMK $\mathfrak{F}$ die Gleichstrom-Netzspannung überragen muß. Erreicht wird dies aber insofern, als die Motorphasen sich in ihren Leerbetriebszonen in generatorischem Lauf befinden und, so nur das erregende Feld stark genug ist, Spannungen von beliebiger Höhe induzieren.

II. Theorie der dynamo-elektrischen Mehrphaseninduktoren für Hochspannungs-Stufenbetrieb.

Der „Mehrphaseninduktor" ist der elektro-dynamische Energiewandler der Hochspannungs-Gleichstrommaschine, er besteht aus einem mehrphasigen Hochspannungsanker und einer mehrphasigen Felderregung. Die induzierten Spannungen befolgen aber nicht (wie z. B. bei Wechselstrom-Synchron- und -Asynchronmaschinen) die periodischen Gesetze von rein harmonischen Wechselstromschwingungen, sondern der in Abschnitt I für Generator und Motor[1]) beschriebenen singulären Stufenwellen. Die Konstruktion des magnetischen und elektrischen Teiles resp. des Eisengerüstes und der Spulenwicklungen der Maschine hat sich in zwingender Weise darnach zu richten.

Allgemeine Konstruktionsbedingungen.

Man ist bei der Dimensionierung von elekrischen Maschinen stets darauf angewiesen, über die Induktionsvorgänge vereinfachende Annahmen zu treffen. Zumindest wird man die Magneteisenpermeabilität μ_{Fe} als von der Magneteisenfeldstärke $\mathfrak{H}$ unabhängig betrachten, da über die raum-zeitliche Feldverteilung im einzelnen meist nichts bekannt ist. Noch zweckmäßiger erweist es sich, bei Maschinen wie diesen hier, die Eisenwiderstände überhaupt zu vernachlässigen bzw. in die Luftwiderstände miteinzubeziehen. Das Feld ist dann durchaus streuungsfrei lediglich im Maschinenluftspalt und läßt sich durch Dimensionierung des letzteren (d. h. der Ankeroberfläche und der Erregerpolschuhe) in der für den Betrieb erforderlichen Topographie erhalten.

---

[1]) In der Folge gelten sämtliche Überlegungen für Generator und Motor; zur Vereinfachung steht jedoch stets der Generator im Mittelpunkt der Betrachtung und der Motor wird nur bei gelegentlich wesentlich abweichendem Verhalten mit in die Betrachtung gezogen.

Der Mehrphasenbetrieb des Ankers muß ein symmetrischer sein und dementsprechend der Maschinenanker und die Felderregung nach den Grundsätzen symmetrischer Konstruktionsanordnungen hergestellt werden. Es gibt also jeweils nur einerlei Phasenwicklungen mit gleichen peripherischen Abständen an einem Eisenanker von mehrfach-periodischer Grundform und nur eine Art von Erregerpolpaaren mit zyklisch-gleichbedeutenden Raumstellungen und einander entsprechenden (kongruenten) Wicklungen und Polschuhformen.

Man kann (gleichviel ob nun Eisen mit konstantem μ_{Fe} an der Maschine vorhanden ist oder nicht) den stationären Leerlauf charakterisieren durch die folgenden „Betriebsgleichungen":

$$\text{I.} \quad \varphi_\nu\, \omega = - \int_\vartheta e_\nu\, d\vartheta = f_\nu(\vartheta)$$

$$\text{II.} \quad \frac{d\,u^E}{d\vartheta} = \sum_\psi i_\psi \frac{d\varphi_\psi}{d\vartheta} = 0$$

$[1 \ldots \nu \ldots n =$ Ankerphasenindex; $1 \ldots \psi \ldots p =$ Erregerpolindex$].$

Gleichung I gibt nach dem Induktionsgesetz den Zusammenhang der Phasenflüsse φ_ν mit den Phasen-EMKen e_ν als Phasenfunktionen f_ν der Rotorstellung ϑ.

Gleichung II verlangt die Unabhängigkeit der magnetischen Erregerfeldenergie u^E aus den Erregerpolströmen i_ψ und Erregerpolflüssen φ_ψ von der Rotorstellung; sie ist in folgender Weise zu begründen.

Für Leerlauf muß in einem Mehrphaseninduktor nach dem Energieprinzip die Energiezufuhr, — mechanische Energie da[1]) des Ankers und elektrische Energie dz^E der Erregung — restlos gleich dem Energieverbrauch, — Feldenergie du^E der Magnetkreise und Joulesche Wärme dq^E der Magnetwicklungen — sein; d. h.

$$da + dz^E = du^E + dq^E \;.\;.\;.\;.\;.\;.\;.\;.\;.\;. 1$$

Berücksichtigt man die nach der Induktionslehre gültigen energetischen Ausdrücke:

$$d\,u^E = \sum_\psi \tfrac{1}{2} d\big(i_\psi \varphi_\psi\big)$$

$$d\,q^E = \sum_\psi i_\psi^2 r_\psi\, dt$$

$$d\,z^E = \sum_\psi e_\psi\, i_\psi\, dt$$

und die Spannungsgleichung

$$e_\psi = \frac{d\varphi_\psi}{dt} + i_\psi r_\psi ,$$

---

so gelangt man für die zugeführten Energien zu folgenden Bilanzen:

$$dz^E = \sum_\psi i_\psi d\varphi_\psi + \sum_\psi i_\psi{}^2 r_\psi dt$$

$$2\,da = \sum_\psi \varphi_\psi d i_\psi - \sum_\psi i_\psi d\varphi_\psi.$$

Für „idealen Leerlauf" ist bei gleichförmigem Rotorantrieb die mechanisch geleistete Arbeit:

$$da = 0 \quad \ldots \ldots \ldots \ldots \ldots \quad 2$$

und der Zuwachs an magnetischer Energie des Erregerstromsystems ist somit:

$$du^E = \sum_\psi i_\psi d\varphi_\psi \quad \ldots \ldots \ldots \ldots \quad 3$$

Soll die Erregerstromleistung gleich einer Betriebskonstanten c sein, so muß

$$dz^E = e^E i^E dt = c\,dt \quad \ldots \ldots \ldots \ldots \quad 4$$

($e^E =$ konst.; $i^E =$ konst.) für jede zwischen den Erregerklemmen einen Wicklungszug bildende Spulenkombination $(\ldots \lambda \ldots)$ gelten, so daß also wegen der auf die Erregerkreisanordnung als Ganzes bezogenen Stromkontinuität:

$$du^E = \sum_\psi i_\psi d\varphi_\psi = i^E \sum_\lambda d\varphi_\lambda \equiv 0 \quad \ldots \ldots \ldots \quad 5$$

$$dq^E = \sum_\psi i_\psi{}^2 r_\psi dt = \sum_\psi e_\psi i_\psi dt \quad \ldots \ldots \ldots \quad 6$$

sind. Hiernach ist Gl. II oben bewiesen und gezeigt, daß die aufgenommene Erregerleistung sich vollständig in Spulenwärme umsetzt, was jedoch nur möglich ist, wenn[1])

$$i_\psi = c_\psi, \quad \ldots \ldots \ldots \ldots \ldots \quad 7$$

d. h. die Spulenströme i_ψ dauernd diejenigen c_ψ der Gleichstromverteilung (bei stillstehendem Rotor) sind.

Zu den Betriebsgleichungen in Parallele stehen die „Konstruktions-Gleichungen" der „Idealmaschinen" (Luftspalt gleichsam infinitesimal und Magneteisenwege widerstandsfrei). Sämtliche Elementarwindungen W_ν einer Phase (s. Fig. 4) indu-

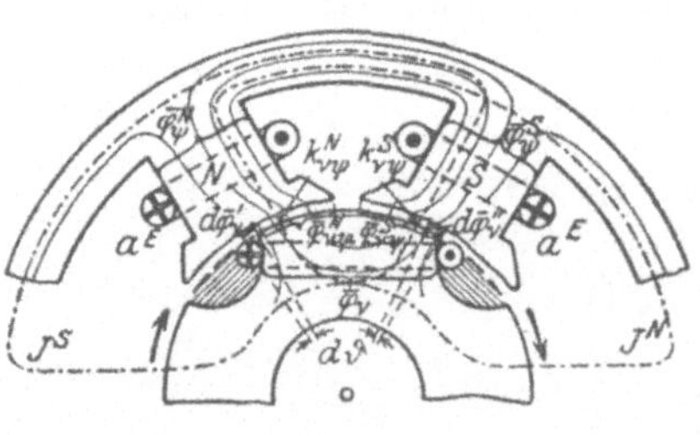

Fig. 4.

---

[1]) Die Begründung hierzu beruht auf dem bekannten Satze, daß für einen durch beliebige Leiterverzweigungen fließenden Strom die Variation der Jouleschen Verluste der „Gleichstromverteilung" Null ist.

zieren die gleiche Teilspannung, und jede Erregerspule S_ψ ist von gleichviel Amperewindungen umflossen.

Ist somit die Phasen-EMK

$$e_\nu = z^A \bar{e}_\nu \ {}^1), \ldots \ldots \ldots \ldots \ldots \ 8$$

d. h. gleich Phasenwindungszahl z^A mal Windungs-EMK $\bar{e}_\nu$, so ist nach Betriebsgleichung I:

$$\frac{e_\nu}{\omega} = -\frac{d\bar{\varphi}_\nu}{d\vartheta} \ldots \ldots \ldots \ldots \ 9$$

die Abhängigkeit der Spannung von der räumlichen Phasenflußänderung $d\bar{\varphi}_\nu$, welche

$$d\bar{\varphi}_\nu = d\bar{\varphi}_\nu' + d\bar{\varphi}_\nu'',$$

d. h. gleich der Summe der von den Spulenstäben überstrichenen Differentialflüsse $d\bar{\varphi}_\nu'$, $d\bar{\varphi}_\nu''$ ist, wenn

$$k_{\nu,\psi} = k_\psi, \ldots \ldots \ldots \ldots \ldots \ 10$$

bzw. die magnetischen Spannungen $k_{\nu,\psi}$ von den Ankerperipherien $\hat{\nu}$ nach den Erregerpolen ψ Betriebskonstanten k_ψ bedeuten. Da:

$$a_\psi = i_\psi z^E = a^E, \ldots \ldots \ldots \ldots \ 11$$

läßt sich durch die absolut-gleichen Erregerpol-Amperewindungen aus Betriebsgleichung II

$$\frac{du^E}{d\vartheta} = \sum_\psi a^E \frac{d\varphi_\psi}{d\vartheta} \equiv 0 \ldots \ldots \ldots \ldots 12$$

folgern, daß in summa für sämtliche Erregernordpole N und -Südpole S:

$$\bar{\varphi}^E = \sum_\psi \varphi_\psi^N = -\sum_\psi \varphi_\psi^S,$$

die Kraftflußmenge $\bar{\varphi}^E$ betriebsinvariant sein muß. Dann ist jedoch wegen $a_\psi = a^E$

$$k_\psi^N = k^N; \quad k_\psi^S = k^S, \ldots \ldots \ldots \ldots 13$$

d. h. k_ψ (nach Integrationswegen J^N, J^S) unter allen Nordpolen dauernd k^N und unter den Südpolen k^S, und durch:

$$l^N = \sum_\psi l_\psi^N; \quad l^S = \sum_\psi l_\psi^S \ldots \ldots \ldots \ldots 14$$

lassen sich aus den Polübergangsleitfähigkeiten${}^2)$ l_ψ^N, l_ψ^S von ϑ unabhängig resultierende Leitfähigkeiten so definieren, daß:

$$\bar{\varphi}^E = k^N l^N = k^S l^S.$$

${}^1)$ Die querüberstrichenen Symbole $\bar{e}, \bar{\varphi}$ usw. bezeichnen hier und an anderer Stelle der Abhandlung Betriebsgrößen (Spannung, Fluß usw.) einer einzelnen Elementarwindung.

${}^2)$ Die magnetische Übergangsleitfähigkeit ist in der Arbeit stets der Reziprokwert des magnetischen Übergangswiderstandes.

Bei praktischen Maschinen sind nun einander die Nord- und Südpole gleichgestellt (konstruktiv-kongruent), somit:

$$k^N = k^S = k; \quad l^N = l^S = l \quad \ldots \ldots \ldots \ldots 15$$

und die Stabflußvariationen stimmen überein

$$d\bar{\varphi}_\nu' = d\bar{\varphi}_\nu'' = \tfrac{1}{2} d\bar{\varphi}_\nu, \quad \ldots \ldots \ldots \ldots 16$$

so daß die Windungs-EMK $\bar{e}_\nu$ wegen Gl. 9 dem Luftspalt l_ϑ (an Stabstelle ϑ der Ankerperipherie $\mathfrak{r}$):

$$\frac{\bar{e}_\nu}{\omega} = -2 \frac{k}{l_\vartheta} \mathfrak{r} \quad \ldots \ldots \ldots \ldots 17$$

reziprok ausfällt. k ist durch die Polamperewindungszahl a^E und ω durch die Läuferdrehzahl u gegeben

$$k = 4\pi a^E; \quad \omega = \tfrac{1}{30}\pi u, \quad \ldots \ldots \ldots 18$$

was oben substituiert schließlich zu den beiden, die Fundamentaleigenschaften der Mehrphaseninduktoren für Hochspannungs-Stufenbetrieb in sich fassenden „Konstruktionsgleichungen" führt:

$$\text{I}' \quad e_\nu = -\frac{4}{15}\pi^2 \frac{a^E}{l_\vartheta} \mathfrak{r}\, u\, z^A$$

$$\text{II}' \quad \varphi^E = 4\pi a^E l = \text{konst.}$$

Die Betriebsgleichungen I und II bestimmen somit zweierlei Konstruktionsgleichungen I′ und II′. — Der Maschinenluftspalt radial über den induzierten Stabseiten der Ankerphasen ist (in jeder Stabstellung) das Reziprokmaß für die Phasenmomentanspannungen, und die Luftübergangsleitfähigkeit insgesamt für alle vorhandenen Erregernord- (bzw. Süd-)pole nach dem Eisenanker ist eine Invarianzgröße für die zeitunveränderliche Erregerflußsumme. — Die einzelnen Erregerpolflüsse φ_ψ können bei einem solchen Stufenspannungsbetrieb, wie in den folgenden Abschnitten an konkreten Maschinenkonstruktionen gezeigt werden soll, entweder vollständig stationär oder aber unausgesetzt stärkeren Schwankungen unterworfen sein; doch ist auch in diesem letzten Falle die Gesamtzahl der Feldlinien sich stets gleichbleibend.

Mehrphaseninduktoren mit verteilten Hochspannungsphasen.

Eine gewissermaßen triviale Lösung besitzt die im vorangehenden Abschnitt behandelte Theorie bei Maschinen mit „verteilten", d. h. am Ankerumfang nach Art der Ringwicklungen fortschreitenden Ankerwicklungen. Für sogenannte glatte Ankerwicklungen auf kreisförmigem Eisenanker ist das Erregerfeld stehend (Kraftlinienverteilung gegenüber der Rotorverdrehung stationär) und die Konstruktion streng richtig; für Ankernutenwicklung in gezahntem Zylinderanker ist das statische Hauptfeld (für sich vorhanden bei stehendem Rotor) überlagert von einem dynamischen Nutenfeld und die Konstruktion dementsprechend approximativ, indes meist hinreichend genau, da hochfrequente Nutenfeldpulsationen durch die im Magneteisen induzierten Foucaultströme stets erheblich herabgedämpft werden.

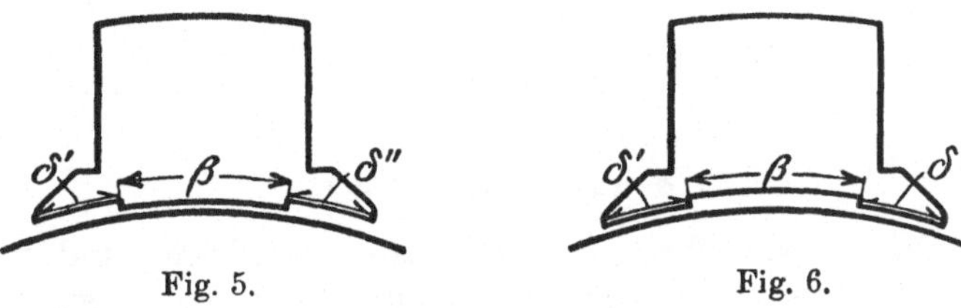

Fig. 5.   Fig. 6.

Nach der Gl. I', Seite 14, folgt, insbesondere mit Beachtung der EMK-Formen der Fig. 2 und 3, Abschnitt I, daß für Generator und Motor die Erregerpole wie in den Fig. 5 und 6 gestaltet sein müssen. Jeder Pol (gleichviel ob Nord- oder Südpol) besitzt drei verschiedene, kreisförmig-begrenzte Polschuhstufen, — eine innenliegende „Betriebsstufe" β mit einer Feldliniendichte x und zwei außenliegende „Kommutationsstufen" δ', δ'' mit einer Feldliniendichte y. — Im übrigen sind die Pole gleich wie andere Maschinenpole und mit zylindrischen oder scheibenförmigen Feldspulen ausgestattet.

Die wichtigsten Daten für die Ankerkonstruktion sind der Fig. 7 zu entnehmen. Die Konstruktion wird durch die Gl. I' und II' vorigen Abschnittes beherrscht, wenn die zur Phase in Reihe geschalteten Wicklungselemente W', W'' unter sich gleich und gegenüber den kongruenten und kreissymmetrisch geordneten Erregerpolpaaren $1 \ldots \mu \ldots m$ übereinstimmende Stellung einnehmen. Der Wicklungszug einer Phase kann ein- oder mehreremal um den Anker geführt sein, jedoch so, daß

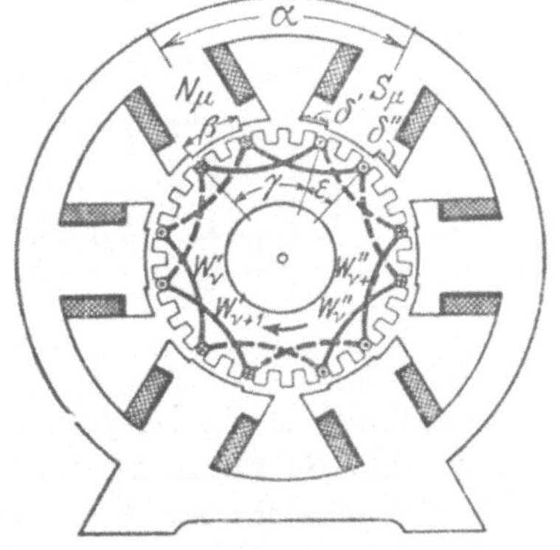

Fig. 7.

nach jedem Umlauf die Wicklung sich periodisch fortsetzt. Für solche Wicklungen entfällt also stets eine Nut pro Pol und Phase. Eine eindeutige Wicklungsvorschrift gibt es in Wirklichkeit allerdings nicht, da im Wicklungsschema die Wicklungsschritte der Stabverbindungen zunächst noch willkürlich sind; der Leitmaterialbedarf ist jedoch am geringsten, wenn man diese sämtlich gleich dem Erregerpolabstand bzw. Polbogen annimmt. Die Konstruktion erfolgt dann nach dem folgenden Formelsystem, in welchem α den Erregerpolabstand, β die Betriebsstufenbreite, γ den Wicklungsschritt am Anker, ε den Phasenschritt, ferner δ' und δ'' die Breiten der Kommutationsstufen bedeuten:

$$\alpha = \frac{360}{m} = \gamma,$$

$$\beta = \frac{360}{m \cdot n} = \varepsilon,$$

δ' und δ'' willkürlich.

Es gibt — wie übrigens bei bekannten Gleich- und Wechselstrommaschinen — nicht nur eine, sondern mindestens zwei typische Wicklungsformen, welche diesen Anforderungen entsprechen, nämlich die „Wellenwicklung" und die „Schleifenwicklung". In den Fig. 8 und 9 sind beide in der geometrischen Abwicklung nebst je

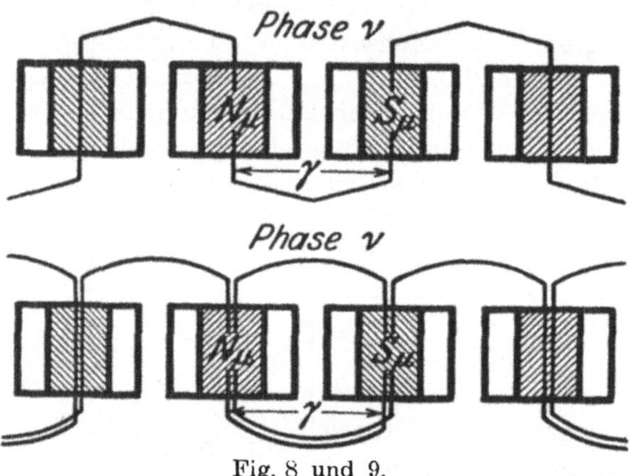

Fig. 8 und 9.

vier zugehörigen Erregerpolflächen (bei denen die inneren Polschuhstufen durch Schraffur hervorgehoben sind) zur Darstellung gebracht. ν ist ein elektrischer Phasenzug. Das Kennzeichen der Wellenwicklung ist, daß in jeder Phase zwischen den Stäben fortlaufend Wicklungsschritte von einerlei Vorzeichen (bzw. peripherischer Richtung) vorkommen; der Schleifenwicklung hingegen, daß die Spulenstirnverbindungen abwechselnd vor- und rückwärtsschreitend sind. Der praktische Unterschied liegt in den verschiedenen Spannungsdifferenzen zwischen Ankerstäben von der gleichen Nut und in der Herstellungsweise der Wicklung. Für Hochspannungsbetrieb ist die aus maschinell gewickelten Teilspulen konstruierbare Schleifenwicklung der von Hand auszuführenden Wellenwicklung überlegen.

Bei den Mehrphaseninduktoren mit verteilter Ankerwicklung überkreuzen sich die Stabserieverbindungen der verschiedenen Phasen an den Ankerstirnseiten. Dies ist von Nachteil für die gegenseitige Hochspannungsisolation der Spulen, hingegen von Vorteil für die Stromkommutation zwischen den Phasen. Bei den Stromwendephasen überdecken sich nämlich die Spulenwindungen an der Ankerperipherie je zum Teil, daß im Belastungsbetrieb die Spulenstromfelder gemeinsamen Anteil haben und weniger selbstinduktiv wirken. Aus diesem Grunde sind solche Maschinen (vgl. Kommutationstheorie S. 31) für starke Belastung am besten geeignet. Dazu kommt, daß wegen des rein statischen Erregermagnetfeldes die Wirbelstrombildung im Magneteisen schon hintangehalten wird, wenn lediglich der Anker (und evtl. noch die Erregerpolschuhe) lamelliert sind; im übrigen die Erregerkreise aber aus massivem Eisen bestehen.

Mehrphaseninduktoren mit konzentrischen Hochspannungsphasen.

Die Maschinen mit konzentrischen Hochspannungsphasen setzen für die Ankerkonstruktion eigentliche Schenkelwicklungen (Zylinder- oder Scheibenwicklungen) voraus, welche auf Polkerne montiert sind. Durch die Pollücken (zum Versenken der Spulenrahmen) ist die Ankeroberfläche teilweise ausgeschnitten und nur an den Polen stückweise zylindrisch. Das Erregerfeld vollführt deshalb beim Rotorumlauf starke Rhythmen, jedoch so, daß die Erregerpolflüsse stets gleichpolarisiert (d. h. Nordpol- bzw. Südpolflüsse) bleiben, und die Ankerpolflüsse streng nach den Phasenspannungsverläufen wechseln.

Zu den leitenden Gesichtspunkten für die Magnetkreiskonstruktion gelangt man nach den Überlegungen des vorletzten Abschnittes vermittels Fig. 10. Im allgemeinen Berechnungsfall[1]) besteht die Erregung

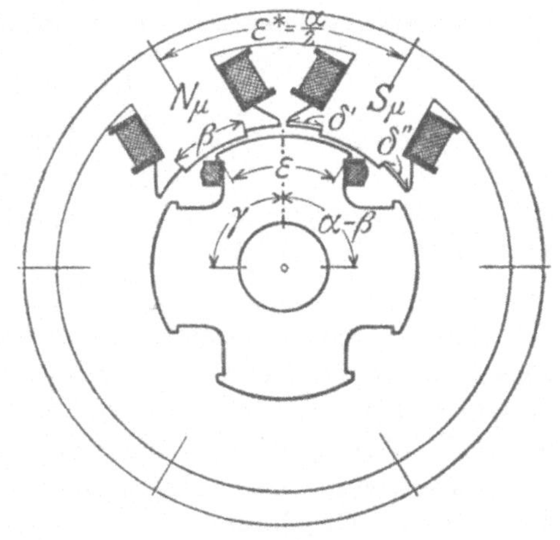

Fig. 10.

---

[1]) Nach den Figuren beziehen sich die Maschinenabmessungen auf geometrische Winkelgrade. In den Formeln können statt dessen auch elektrische

aus $1 \ldots \mu \ldots m$ kongruenten und zyklisch-symmetrisch stehenden Erregerpolpaaren (von welchem eines $N_\mu S_\mu$ gezeichnet ist) nebst dem Erregerjoch und der Anker aus $1 \ldots \nu \ldots n$ symmetrischen Ankerpolen und dem Ankerkranz. Die Erregerpolformen zeigen nach den Fig. 5 und 6 für Generator und Motor Betriebs- und Kommutationsstufen (von verschiedenen Luftabständen nach dem Anker) und die Erregerpolpaarabstände sind gegenüber den Phasenpolabständen des Ankers um die „Betriebsstufenbreite" abweichend, so daß in den am Ankerumfang aufeinanderfolgenden Ankerpolen die entsprechend zeitverschobenen Phasenflüsse vorkommen. Jede Phase induziert eine volle Wechselperiode während einer Läuferverdrehung um den Polpaarabstand; dies wiederholt sich für jeden Rotorumlauf m mal. — Solches berücksichtigt, führt bei Übereinstimmung der Ankerpolbreite ε mit dem einheitlichen Erregerpolabstand ε^* bzw.

$$\varepsilon = \varepsilon^* = \tfrac{1}{} \alpha \ldots \ldots \ldots \ldots \ldots 19$$

zu:
$$\alpha = \gamma \pm \beta = n\beta \ldots \ldots \ldots \ldots \ldots 20$$

(Positives bzw. negatives Zeichen, wenn die Phasen in der Tourenrichtung nach- bzw. voreilen.)

Da außerdem gesetzt werden kann:

$$\alpha = \frac{360^0}{m}; \quad \gamma = \frac{360^0}{n}; \quad \beta = \frac{360^0}{p}, \ldots \ldots \ldots 21$$

folgt einerseits aus 20 für die Gesamtzahl p der für eine volle Rotorumdrehung hervorgerufenen Betriebsimpulse:

$$p = m \cdot n, \ldots \ldots \ldots \ldots \ldots 22$$

und andererseits:
$$\frac{1}{m} = \frac{1}{n} \mp \frac{1}{p},$$

wonach als zwischen m und n folgende **zweideutige** Abhängigkeit hervorgeht:

$$m = n \mp 1 \ldots \ldots \ldots \ldots \ldots 23$$

Neben diesen Konstruktionsvorschriften ist noch die Konstruktionsgleichung II', Seite 14 zu berücksichtigen. Danach müssen für stationäre Gleichstromerregung die resultierenden Übergangsleitfähigkeiten der Erregernordpole sowie der Erregersüdpole des Mehrphaseninduktors (fortan mit Ankerradius $\mathrm{r} = 1$ und Ankertiefe $\mathrm{t} = 1$ gedacht) in der Gleichung:

$$\varphi^E = k^N \sum_\mu l_\mu^N = k^S \sum_\mu l_\mu^S = \text{const} \ldots \ldots \ldots 24$$

Winkelgrade eingeführt werden, und zwar in der Weise, daß die Konstruktionsfiguration zwischen den Erreger- und Ankerpolen sich am ganzen Ankerumfang mehrmals periodisch wiederholt.

betriebskonstant sein. Gemäß Fig. 11 ist aber durch die momentanen Überdeckungswinkel ξ_μ^N, ξ_μ^S der „inneren" und η_μ^N, η_μ^S der „äußeren" Erregerpolstufen:

$$l_\mu^N = \frac{\xi_\mu^N}{\mathfrak{l}_\xi} + \frac{\eta_\mu^N}{\mathfrak{l}_\eta}; \quad l_\mu^S = \frac{\xi_\mu^S}{\mathfrak{l}_\xi} + \frac{\eta_\mu^S}{\mathfrak{l}_\eta}, \quad \ldots \ldots \ldots 25$$

mit den „inneren" und „äußeren" Luftspalten $\mathfrak{l}_\xi$, $\mathfrak{l}_\eta$ als Maschinenkonstanten. Gl. 24 ist somit nur identisch (d. h. für jede Rotorstellung) erfüllt, wenn:

$$\xi^N = \sum_\mu \xi_\mu^N = \sum_\mu \xi_\mu^S = \xi^S, \quad \ldots \ldots \ldots \ldots 26$$

$$\eta^N = \sum_\mu \eta_\mu^S = \sum_\mu \eta_\mu^S = \eta^S \quad \ldots \ldots \ldots \ldots 27$$

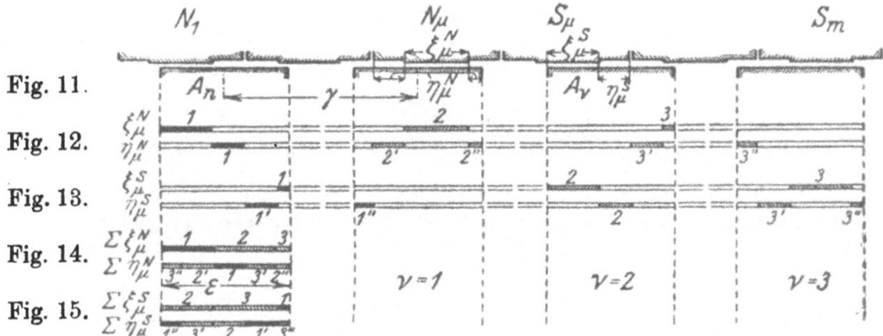

Die Problemstellung über die Mehrphasenstufenmaschine hängt an der Lösbarkeit der hierdurch formulierten transformationstheoretischen Aufgabe. Zu ihrer Bewältigung sind in Fig. 12 für die Nordpole und in Fig. 13 für die Südpole die inneren und äußeren Stufenüberdeckungswinkel samt den Erreger- und Ankerpolflächen geometrisch abgewickelt. Bei der Transformation muß jeder Ankerpol A_ν um den Winkel:

$$\gamma_\nu = \gamma \cdot \nu \quad \ldots \ldots \ldots \ldots \ldots 28$$

mit den darüberliegenden Erregerpolstufen in den Ankerpol A_n zurückverschoben werden. Dies führt, da nach Gl. 20:

$$\gamma = \alpha \mp \beta$$

ist, zu den „Ersatzschemen" der Fig. 14 und 15, in welchen die Stufenflächen von benachbarten Erregerpolen je eine Relativverschiebung von

$$\zeta = \nu(\alpha - \gamma) = \pm \nu\beta \quad \ldots \ldots \ldots \ldots 29$$

haben. — Ohne jede Rechnung läßt sich lediglich auf Grund der Figuren erkennen, daß sowohl die ξ_μ^N, ξ_μ^S und sofern nur:

$$\delta = \delta' + \delta'' = \beta \quad \ldots \ldots \ldots \ldots 30$$

ist, auch die η_μ^N, η_μ^S je gleich breite, zusammenhängende Streifen als Bemessung der Summen für die aktiven Stufenwinkel:

$$\xi^N = \xi^S = \varepsilon, \quad \dots\dots\dots\dots \quad 31$$

$$\eta^N = \eta^S = \varepsilon \quad \dots\dots\dots\dots \quad 32$$

bilden.

Zu diskutieren ist noch, welche Phasenzahlen bei der Lösung zugelassen und welche davon ausgeschlossen sind. Den Entscheid gibt, daß bei den realisierbaren Maschinen weder die Erreger- noch die Ankerpole ineinandergreifen (bzw. gleiche Raumteile einnehmen) können. Dies hat — nach Fig. 9 zu folgern — seinen Ausdruck in den beiden Gleichungen:

$$0 \leq 4\beta \leq \alpha,$$
$$2\beta \leq \varepsilon \leq \gamma,$$

die nach 20, 21, 22 gleichzeitig gelten, wenn

$$4 \leq n \leq \infty \quad \dots\dots\dots\dots \quad 33$$

Es sind dementsprechend nur die Phasenzahlen n von 4 an aufwärts für die Konstruktionsberechnungen zulässig, wobei nach der Untersuchung die in Betracht fallenden Dimensionierungsformeln und hieraus berechneten Winkeltabellen gelten:

$$\alpha = 2\varepsilon = \frac{360^0}{m}; \quad \beta = \frac{360^0}{m \cdot n}; \quad \gamma = \frac{360^0}{n}; \quad \delta = \frac{360^0}{m \cdot n} = \delta' + \delta''.$$

Dimensionierungswinkel für $m = n - 1$.

m	n	α	β	γ	δ	ε
3	4	120^0	30^0	90^0	30^0	60^0
4	5	90^0	18^0	72^0	18^0	45^0
5	6	72^0	12^0	60^0	12^0	36^0
6	7	60^0	$8^0\,34'\,17''$	$51^0\,25'\,43''$	$8^0\,34'\,17''$	30^0
7	8	$51^0\,25'\,43''$	$6^0\,25'\,43''$	45^0	$6^0\,25'\,43''$	$25^0\,42'\,51''$
8	9	45^0	5^0	40^0	5^0	$22^0\,30'$
9	10	40^0	4^0	36^0	4^0	20^0

Dimensionierungswinkel für $m = n + 1$.

m	n	α	β	γ	δ	ε
5	4	72^0	18^0	90^0	18^0	36^0
6	5	60^0	12^0	72^0	12^0	30^0
7	6	$51^0\,25'\,43''$	$8^0\,34'\,17''$	60^0	$8^0\,34'\,17''$	$25^0\,42'\,51''$
8	7	45^0	$6^0\,25'\,43''$	$51^0\,25'\,43''$	$6^0\,25'\,43''$	$22^0\,30'$
9	8	40^0	5^0	45^0	5^0	20^0
10	9	36^0	4^0	40^0	4^0	18^0
11	10	$32^0\,43'\,38''$	$3^0\,16'\,22''$	36^0	$3^0\,16'\,22''$	$16^0\,21'\,49''$

Die Maschinen der einen und andern Tabelle unterscheiden sich durch die an der Ankerperipherie entgegengesetzte Phasenpolfolge.

Bei den ersteren laufen die Phasenfelder in der Rotordrehrichtung, bei den letzteren dagegen, und zwar (da während $1/m$ Rotorvolldrehung sämtliche n Phasen sich nacheinander ablösen) mit in bezug auf den Rotor m-fachem Geschwindigkeitsunterschied. Weiter ist aus den Tabellen und den Fig. 16 und 17[1]) ersichtlich, daß bei den Maschinentypen mit $m = n - 1$ auf den Ankerumfang für den Feldlinienübertritt mehr aktives Eisen als bei den Maschinentypen mit $m = n + 1$ entfällt, verhältnismäßig also auch die Nutzbarkeit des Erregereisens verschieden ist.

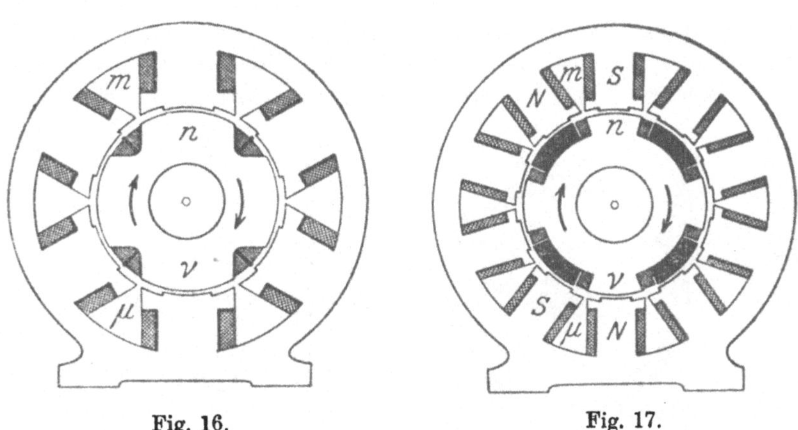

<table>
<tr><td style="text-align:center">Fig. 16.</td><td style="text-align:center">Fig. 17.</td></tr>
</table>

    Hochspannungs-Stufenmaschinen mit Phasen-Zylinder- oder -Scheibenwicklungen sind vorzüglich puncto Spannungsisolation (daher in erster Linie für Betriebszwecke mit hoher Spannung zu gebrauchen), indes weniger günstig betreffs Phasenstromkommutation. Die Phasenstromflüsse der stark induktiven Stromwendephasen müssen bei der Kommutierung jeweils vollständig abklingen bzw. neu entstehen, dementsprechend ist die zulässige Maschinenstromstärke für die disponierbaren Stromkommutationszeiten auch relativ gering (siehe Kommutationstheorie S. 33). Zudem fällt schwer, daß das ganze Erregerfeld nicht nur im Anker, sondern auch in den Erregerspulenkreisen beträchtlich schwingt, und hohe Wirbelstromwärmen nur durch vollständige Lamellierung des Maschineneisens zu vermeiden sind.

---

[1]) In Fig. 17 sind am Läufer vier in Volldruck gezeichnete „blinde" (d. h. unbewickelte) Pole angedeutet, an deren Stelle nach den Dimensionierungsformeln Pollücken vorhanden wären. Man kann, falls Platz vorhanden ist, zur Verkleinerung des Luftspaltwiderstandes beliebige solche Polgruppen einführen, die jedoch für sich den Betriebsbedingungen Gl. 31 und 32 zur Konstanthaltung der Stufenfelder gerecht werden müssen.

III. Konstruktions- und Schaltungsschemata der Mehrphasenkommutatoren für Hochspannungs-Stufenmaschinen.

Für die Hochspannungs-Gleichstrommaschine ist der Mehrphasenkommutator neben dem Mehrphaseninduktor noch der einzig wichtige Bestandteil. Während jener ein Energiewandler (zur Erzeugung von elektrischer Energie aus mechanischer oder umgekehrt) ist, dient dieser lediglich als Stromtransformator nach der Bedeutung eines Schaltautomaten (zwischen dem Wechselstrombetrieb des Maschinenankers und dem Gleichstrombetrieb des Netzes). Er besteht nach Abschnitt I aus einem als Leerlaufsschaltapparat wirkenden

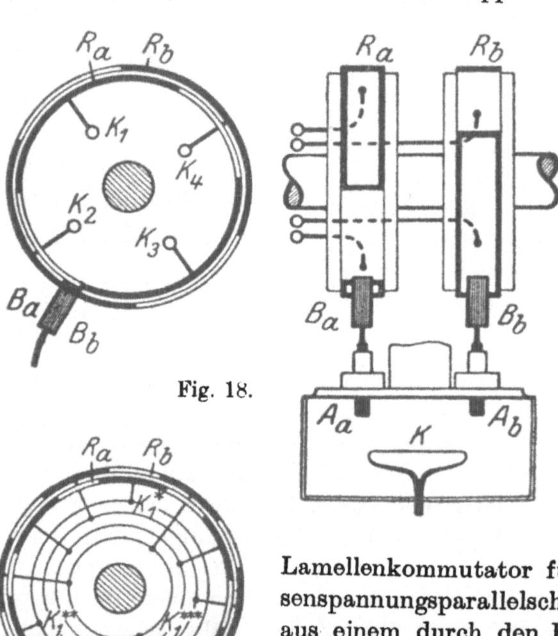

Fig. 18.

Fig. 19.

Lamellenkommutator für die Phasenspannungsparallelschaltung und aus einem durch den Phasenspannungsunterschied betätigten Ventilgleichrichter für die Phasenstromwendung.

In Fig. 18 ist das elementarste Konstruktionsschema (für Maschinen mit Erregerpolpaarzahl $m = 1$ und Ankerphasenzahl $n = 4$) gezeichnet. Der Lamellenkommutator besteht aus zwei Bürstenschleifringen R_a, R_b mit vier unter je 90 Winkelgraden abwechselnd auf dem einen und andern liegenden

Kontaktlamellen $K_1 .. K_4$ und aus zwei Schleifbürsten B_a, B_b. Der Ventilgleichrichter besitzt zwei (getrennt an die Kommutatorbürsten geschlossene) Anoden A_a, A_b und eine (für den positiven Gleichstromnetzpol bestimmte) Kathode K.

In Fig. 19 ist die Kommutatorkonstruktion erweitert (auf eine $m = 3$-periodige $n = 4$-Phasenmaschine). Die Lamellen sind verdreifacht, dabei je drei in derselben Schleifbahn, unter 120^0 abstehende und zu derselben Maschinenphase gehörende ($K_1{}^*$, $K_1{}^{**}$, $K_1{}^{***}$ usw.) durch eine Mordeysche Äquipotentialverbindung parallel verbunden. Zwei Bürsten genügen so für drei Perioden pro Maschinentour.

Die Konstruktion des Maschinenkommutators läßt sich noch wesentlich verallgemeinern. Entsprechend der willkürlichen Konstruktion des Maschineninduktors kann die Kommutatorlamellenzahl

$$s = m \cdot n$$

für beliebig viele Umlaufsperioden m und Betriebsphasen n eingerichtet werden. Zudem läßt sich die Kommutatorringzahl und die meistens übereinstimmende Gleichrichteranodenzahl o beliebig vergrößern. Für die Dimensionierung des Kommutators ist aber der Äquipotentialschritt α (Winkelabstand von ein und zu derselben Phase gehörenden Lamellen), der räumliche Phasenschritt γ (geometrischer Winkel zwischen zwei Lamellen von benachbarten Phasen) und der Lamellenkontaktwinkel $\varkappa$ (Lamellenbreite χ + Bürstenbreite ι) stets gemäß den Formeln:

$$\alpha = \frac{360^0}{m}$$

$$\gamma = \frac{360^0}{n}$$

$$\varkappa > \frac{360^0}{m \cdot n}.$$

Zu einer bestimmteren Angabe von $\varkappa$ gelangt man indes erst durch die Kenntnis der Kommutationsvorgänge.

Eine konstruktions - symmetrische Verteilungskombination der Lamellen (d. h. mit je gleich vielen und gleich abstehenden Lamellen pro Ring) ist jeweils nur möglich, wenn n teilbar durch o ist. Ist gar n (Phasenzahl) relativprim, müßte diesfalls $o = n$ sein. Für jedes symmetrische Lamellensystem (m, n, o) wird beim Vergrößern von o die Spannungs- und Strombelastbarkeit erhöht. Auf jeden Einzelring des Kommutators entfallen ja dann weniger Lamellen; die Isolierabstände sind dementsprechend verbreitert, zudem für die Ringbürsten die Kontakterwärmungen durch die Betriebsfrequenzen herabgesetzt (insbesondere bei sich gleichbleibenden Ring- und Bürstendimensionen). — Beim Gleichrichter vermehrt sich die Belastungsfähigkeit für den Strom in ähnlicher Weise, da die Zahl der parallelarbeitenden Anoden übereinstimmend mit der Ringzahl o wächst, dementsprechend die wirksame Gesamtfläche der Anoden durch Vermehrung der Elektrodeneinheiten[1]).

Bei der Hochspannungs-Gleichstrommaschine sind zwei prinzipielle Betriebsschaltungen ausführbar, wovon die eine bloß die positiven, die andere jedoch die positiven und negativen Phasen-EMK-Halbwellen für die Phasenbelastung benützt. Der Unterschied liegt teils in der abweichenden Ausbildung (Raumverteilung) des Ankerbelastungsfeldes, teils in der spezifisch (bezüglich des Ankerdrahtgewichtes) ungleichen Erwärmung der Ankerstromwicklung.

In den Fig. 20 und 21 sind für die beiden Fälle die Kommutationsschaltungen in Vergleich gestellt. Der Maschineninduktor ist je $m = 1$-periodig und regulär $n = 4$-phasig vorausgesetzt. Bei der „Ein-Impulsschaltung" sind sämtliche induzierbaren Phasen (Wicklungen) $W_1 .. W_4$ einerseits in dem negativen Gleichstromnetzpol S sternverkettet, andererseits an gesonderte Lamellen des Doppelringkommutators Ko (mit den Bürsten B_a, B_b) geschlossen. Der Zweiphasen-Gleichrichter Gl (mit den Anoden A_a, A_b) vereinigt die Phasen noch an der Kathode K zum positiven Pol des Gleichstromnetzes N_g. Aus .Fig. 20 ist ersichtlich, daß bei dieser Schaltung jede Phase nur einmal — im Bereich ihres mittleren positiven Spannungsimpulses über ihren Kommutatorkontakt und eines der

---

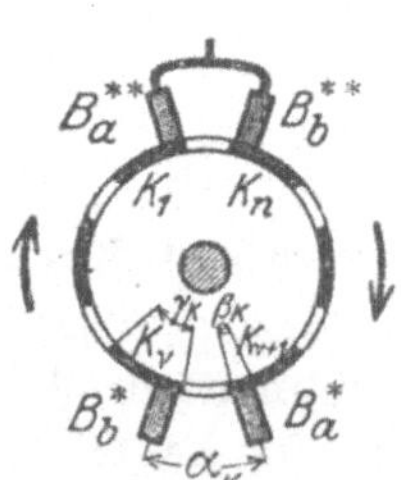

[1]) Zu erwähnen ist, daß außer den beschriebenen normalen Kommutatoren mit zwei oder mehr Ringen nach einem abgeänderten Konstruktionsprinzip (siehe nebenstehende Figur) auch die Herstellung mittels eines einzigen Ringes möglich ist. Zwei Anodenbürsten B_a^*, B_b^* (vom Abstand α_k und der Breite β_k) geben für die Phasenlamellen $K_1 \ldots K_\nu \ldots K_n$ (vom Abstand $360^0/n$ und der Breite γ_k) successive die erforderlichen Kontaktstellungen: 1. K_ν an B_a^* und B_b^*, $K_{\nu+1}$ frei; 2. K_ν an B_b^*, $K_{\nu+1}$ an B_a^*, ohne die sich ablösenden Phasen aufeinanderzuschließen, wenn:

$$\frac{180^0}{n} \ll \alpha_k < \beta_k + \gamma_k \ll \frac{360^0}{n}$$

(Linearitätsbeziehungen, über deren Richtigkeit lim. inf. und lim. sup. überzeugen mögen). — Bei Doppelkommutierung (siehe S. 25) müssen noch zwei zu den Anodenbürsten B_a^*, B_b^* diametralstehende Verkettungsbürsten B_a^{**}, B_b^{**} vorhanden sein. — Die Bürsten B_a^*, B_b^* (bzw. B_a^{**}, B_b^{**}) sind jeweils in der Kontaktstellung 1 im Parallelschaltungsbetrieb und die ablaufende muß durch ihre Bürstenkontaktsänderung jeweils den Phasenvollstrom an die auflaufende überleiten.

Gleichrichterventile in den Betrieb treten kann. — Bei der „Doppelimpulsschaltung" sind die regulärerweise mit Opposition arbeitenden Gegenphasen, so W_1, W_3 und gleichfalls W_2, W_4 zu zwei selbständigen Phasenkombinationen in Reihe (oder auch parallel) geschaltet und die Enden dieser je mit den an gleicher Ankerperipherie des Kommutators liegenden Gegenlamellen verbunden. Die Gleichrichterbürsten $B_a{}^*$, $B_b{}^*$ zum Anschließen der Gleichrichteranoden A_a, A_b haben die gleiche Bedeutung wie oben; dazu kommen

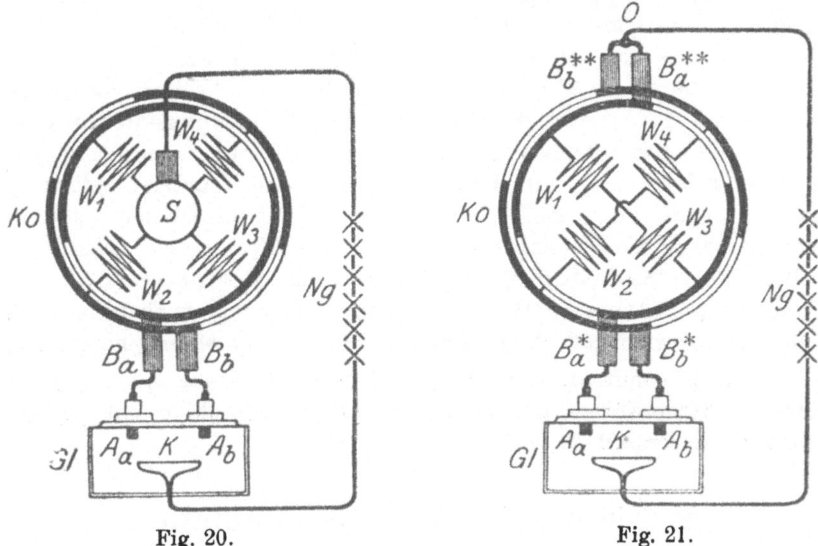

Fig. 20.   Fig. 21.

aber noch zwei zu diesen am Kommutator diamentralstehende Verkettungsbürsten $B_a{}^{**}$, $B_b{}^{**}$, nach welchen der von der Gleichrichterkathode K ausgehende Gleichstromkreis N_g ausmündet. Aus Fig. 21 läßt sich erkennen, daß bei einer solchen Schaltung jede der Phasenkombinationen während einer Wechselperiode stets zweimal — für die Kulminationsbereiche der positiven und negativen Spannungshalbwellen mit der richtigen Spannungspolarität zwischen die Verkettungs- und Anodenbürsten eingerückt und für das Gleichstromnetz tätig werden.

Bei dem beschriebenen Verfahren der Doppelkommutierung werden die negativen Spannungshalbwellen lediglich durch mechanisches Umschalten der Betriebsphasen durch den Kommutator gleichfalls in positive verwandelt. Die praktische Betriebsphasenzahl $\mathfrak{n}$ ist gegenüber der regulären Konstruktionsphasenzahl n der Maschine halb so groß, kann hingegen ganz beliebig $\mathfrak{n} \geq 2$ sein. Durch dieses Mittel ist es denn auch gelungen, die normalerweise durch die Berechnung (vgl. S. 14 bis 21) nur $n = 4$-, 6-phasig konstruierbaren Mehrphaseninduktoren im Betrieb auch $\mathfrak{n} = 2$-, 3-phasig zu benutzen.

Zum Verständnis des einen und andern Betriebs noch folgende Bemerkungen. Bei Maschinen mit Einimpulsschaltung ist das über das Erregerfeld superponierte Ankerstromfeld (wenigstens im Falle konzentrischer Hochspannungsphasen) asymmetrisch und dementsprechend auch das resultierende Belastungsfeld, hingegen bei Maschinen mit Doppelimpulsschaltung (wegen der entgegengesetzt gleichen Gegenpolamperewindungen) zentrisch entsprechend. Die Phasen-EMKe des Mehrphaseninduktors werden also hier weniger als dort durch die Phasenströme beeinflußt. — Weit wichtiger ist aber, daß bei dem wirtschaftlich besten Hochspannungs-Mehrphasenbetrieb die Betriebsphasenzahl so klein als nur irgend möglich, d. h. allenfalls wie nur beim Doppelkommutierbetrieb gleich 2 (evtl. 3) sein soll. Bei Hochspannungs-Stufenmaschinen ist der Gleichstrom $\mathfrak{J}$ die Überlagerung quasi rechteckförmiger Phasenstromwellen $(\mathfrak{J})$. Sein Joulescher Verlust im Mehrphasenanker ist $P^A = \mathfrak{J}^2 r$ ($r =$ Ohmscher Widerstand einer einzigen Betriebsphase), das Ankerdrahtgewicht jedoch $Q^A = \mathfrak{n} q_P$ ($q_P =$ Gewicht einer einzigen Betriebsphase), somit ist $\varXi = P^A / Q^A$, d. h. die auf das Ankergewicht bezogene Stromwärme am geringsten für die Maschine mit der geringsten Phasenzahl ($\mathfrak{n} = 2$).

IV. Theorie der Phasenkommutation.

Aufgabe dieser Theorie ist es, die Hochspannungs-Gleichstrommaschine im Betriebswechsel der Phasen und allgemeiner überhaupt unter dem Einfluß der Strombelastung zu untersuchen, derart, daß aus den Resultaten die Konstruktion noch näher umschrieben werden kann. Dies begegnet, nachdem die Maschinentypen in Abschnitt II und die Kommutatoren in Abschnitt III, sowohl betreffs Herstellungs- als Wirkungsweise erläutert sind, keinen prinzipiellen Schwierigkeiten. Doch wird man auch hier, ähnlich wie bei der Beschreibung der Konstruktion, für die Beschreibung des Betriebs mit einem vereinfachten Bild der Vorgänge gern vorlieb nehmen.

Allgemeine Betriebsgleichungen und Kommutationsformeln.

Der Belastungszustand einer Maschine läßt sich, ausgehend von dem nach den Abschnitten I und II bekannten Leerlaufszustand aus der Superpositionswirkung des Anker- und Erregerfeldes ableiten. Hierbei kann man annehmen, was meistens fast absolut zutrifft, daß das, insgesamt mit dem Erregerkreis gekoppelte Ankerfeld auf den Erregerstrom ohne Einfluß ist. Die Phasen-EMKe und sonstigen Spannungsänderungen kommen dann lediglich durch die von den Ankerströmen selbst in den Wicklungsinduktivitäten und -widerständen hervorgerufenen Spannungsabfälle zustande.

Die Maschinentyen (mit verteilten und konzentrischen Hochspannungsphasen) sollen für die Untersuchung des Belastungsbetriebs in ihren allgemeinen Konstruktionsformen (vgl. Abschnitte S. 14 u. 17) gegeben sein. Nach Abschnitt III sind im günstigsten Fall (bei gerader Phasenzahl n) drei verschiedene Betriebsschaltungen herstellbar — die Einimpulsschaltung mit sternverketteten Phasen und die Zweiimpulsschaltung mit den Gegenphasen hintereinander oder nebeneinander. Zur Kennzeichnung der Schaltung dienen folgende Konventionen, es sei:

w (Impulsfaktor) = 1 bzw. 2 bei Einimpulsschaltung bzw. Zweiimpulsschaltung,

s (Seriefaktor) = 1 bzw. 2, wenn Gegenphasen nicht seriegeschaltet bzw. seriegeschaltet sind,

p (Parallelfaktor) = 1 bzw. 2, wenn Gegenphasen nicht parallelgeschaltet bzw. parallelgeschaltet sind.

Danach ist ohne Ausnahme für jeden Belastungsfall:

$$w = s \cdot p \qquad \dots \dots \dots \dots \dots \quad 1$$

und das Studium der Gesamtbelastung an den Einzelphasen (Phaseneinheiten) möglich.

Bezeichnet e_ν^E die Leerlaufs-EMK des Erregerfeldflusses φ_ν^E, e_ν^A den induktiven Spannungsabfall des Ankerfeldflusses φ_ν^A, ferner $i_\nu r$ den Ohmschen Spannungabfall des Belastungsstromes i_ν, ε_ν die Gleichrichterventilspannung und $\varkappa_\nu$ die Kommutatorkontaktspannung, so gilt für die Belastungs-EMK e_ν, die Klemmspannung e_ν und den Gleichstrom i_g der Phase $1 \dots \nu \dots n$ der Maschine stets:

$$e_\nu = e_\nu^E - e_\nu^A \qquad \dots \dots \dots \dots \dots \quad 2$$

$$e_\nu^E = - \frac{d\varphi_\nu^E}{dt}; \qquad e_\nu^A = + \frac{d\varphi_\nu^A}{dt} \qquad \dots \dots \dots \dots \quad 3$$

$$e_g = e_\nu - i_\nu r \qquad \dots \dots \dots \dots \dots \quad 4$$

$$e_g = e_\nu s - \varepsilon_\nu - \varkappa_\nu \qquad \dots \dots \dots \dots \quad 5$$

$$i_g = \frac{1}{s} \sum i_\nu \qquad \dots \dots \dots \dots \dots \quad 6$$

Phasenvollbetrieb: Es ist dabei nur eine Elementarphase ν zu betrachten. Zur Bestimmung des Momentanstromverlaufes sind die

Spannungs- und Stromgleichungen 2, 4 einerseits und 5, 6 andererseits (unter Beachtung von $\varkappa_\nu = 0$) zu kombinieren zu:

$$\left.\begin{aligned} e_\nu + i_\nu r &= \mathfrak{e}_\nu^E - \mathfrak{e}_\nu^A \\ e_g &= i_g r_g = s\,e_\nu - \varepsilon_\nu \end{aligned}\right\} \quad \cdots\cdots\cdots\cdots \quad 7$$

und diese weiter durch Elimination von e_ν zu der Spannungskreis-
gleichung:

$$i_\nu r + i_g r_g / s = \mathfrak{e}_\nu^E - \mathfrak{e}_\nu^A - \varepsilon_\nu / s . \quad \cdots\cdots\cdots \quad 8$$

Der Gleichstrom setzt sich durch die Phase (vom Widerstand r) und
der betriebsinvarianten Selbstinduktivität $\mathfrak{L} = \varphi_\nu^A / i_\nu{}^1)$ so fort, daß
$i_g = p \cdot i_r$. Mit:

$$r + r_g \frac{p}{s} = \mathfrak{R}$$

$$\mathfrak{e}_\nu^E - \frac{\varepsilon_\nu}{s} = \mathfrak{G}$$

als Abkürzungen geht somit Gl. 8, nachdem noch $\mathfrak{e}_\nu^A$ aus Gl. 3 rechts
eingeführt ist, über in die Differentialgleichung erster Ordnung:

$$i_\nu \mathfrak{R} + \mathfrak{L}\frac{d i_\nu}{d t} = \mathfrak{G},$$

welche für das kommutationsfreie Belastungsintervall $0 \ldots t \ldots \mathfrak{T}$
(Fig. 22) das Integral hat:

$$i_\nu = e^{-\frac{\mathfrak{R}}{\mathfrak{L}} t} \cdot \left(\int_0^t \frac{\mathfrak{G}}{\mathfrak{L}} e^{+\frac{\mathfrak{R}}{\mathfrak{L}} t} + c \right) \quad \cdots\cdots\cdots \quad 9$$

Die Integrationskonstante c folgt aus dem Anfangswert $i_\nu = i^0$ für
$t = 0$. Bei den Idealmaschinen ist speziell $\mathfrak{G} = \text{konst.}^2)$ anzunehmen und:

$$i_\nu = i^0 e^{-\frac{\mathfrak{R}}{\mathfrak{L}} t} - \frac{\mathfrak{G}}{\mathfrak{R}}\left(e^{-\frac{\mathfrak{R}}{\mathfrak{L}} t} - 1 \right),$$

$^1)$ Die wirksame Induktivität ist $\mathfrak{L} = L$ für $w = 1$ (Einimpulsschaltung)
und $\mathfrak{L} = L + A$ für $w = 2$ (Zweiimpulsschaltung), wo L die Selbstinduktivität
und A die gegenseitige Induktivität der Phase mit der Gegenphase bedeuten.
Bei den „Idealmaschinen" sind diese Induktivitäten je von der Rotorstellung
ϑ unabhängige Betriebskonstanten, da bei diesen Maschinen (Abschnitte S. 14
und 17) die magnetische Luftwiderstandsverteilung über den Phaseneinzel-
windungen für jede Phasenmomentanstellung gleichresultiert.

$^2)$ $\mathfrak{G} = \mathfrak{e}_\nu^E - \varepsilon_\nu / s$ ist konstant anzunehmen, da solches im Phasenvollbetrieb
sowohl für $\mathfrak{e}_\nu^E = \mathfrak{E}$ (Gl. I', S. 14) als $\varepsilon_\nu = \varepsilon$ (Gl. 21, S. 31) statt hat.

d. h. der Phasenstrom — abgesehen von einer nebensächlichen Ein-schaltschwingung — vollständig stationär:

$$i_\nu = \frac{\mathfrak{G}}{\mathfrak{R}} = i^0 \quad \dots \dots \dots \quad 10$$

Phasenkommutation: Hierbei gilt die Untersuchung zweien, sich ablösenden Elementarphasen ν, $\nu + 1$. Zur Berechnung der Kom-mutationsstromverläufe denke man sich die mit e_ν^A (Gl. 3) substituierte Gl. 8 einmal für die Phasenindizes ν, $\nu + 1$ addiert, ein andermal subtrahiert und für jedes Bezeichnungssymbol

$$x_{\pm} = x_\nu \pm x_{\nu+1}$$

gesetzt; man erhält dann die simultanen Differentialgleichungen:

$$\left(2\,r_g\frac{p}{s} + r\right)\cdot i_+ + \frac{d\varphi_+^A}{dt} = e_+^E - \varepsilon_+/s \quad \dots \dots \quad 11$$

$$r\cdot i_- + \frac{d\varphi_-^A}{dt} = e_-^E - \varepsilon_-/s \cdot \quad \dots \dots \dots \quad 12$$

Die Ankerflüsse φ_+^A, φ_-^A sind nach den speziellen Bedingungen des Betriebs Proportionalfunktionen der Ströme i_+, i_-[1]):

$$\varphi_+^A = \mathfrak{f}(i_+) = Q\cdot i_+$$
$$\varphi_-^A = \mathfrak{h}(i_-) = q\cdot i_-,$$

worin Q, q zeitgegebene Linearkombinationen der Wicklungsinduk-tivitäten sind.

Dementsprechend spezialisiert gehen die Differentialgleichungen 11 und 12 formell über in die separierten:

$$R\cdot i_+ + \frac{d}{dt}(Q\cdot i_+) = g_+ \quad \dots \dots \dots \quad 13$$

$$r\cdot i_- + \frac{d}{dt}(q\cdot i_-) = g_-, \quad \dots \dots \dots \quad 14$$

---

[1]) Nach der Helmholtz-Thomsonschen Theorie der Induktionsvorgänge in Leitern ist, wenn für $w = 1$ (Einimpulsschaltung) $\mathfrak{L}_\nu, \mathfrak{L}_{\nu+1}$ die Selbstinduk-tivitäten und $\mathfrak{M}_{\nu+1,\,\nu}$, $\mathfrak{M}_{\nu,\,\nu+1}$ die gegenseitigen Induktivitäten der Kommutier-Elementarphasen und für $w = 2$ (Zweiimpulsschaltung) die entsprechenden halben Induktivitäten der Gegenphasenseriekombinationen bedeuten:

$$\varphi_\nu^A = \mathfrak{L}_\nu\cdot i_\nu + \mathfrak{M}_{\nu+1,\,\nu}\cdot i_{\nu+1}; \quad \varphi_{\nu+1}^A = \mathfrak{L}_{\nu+1}\cdot i_{\nu+1} + \mathfrak{M}_{\nu,\,\nu+1}\cdot i_\nu.$$

Nun ist aber stets vertauschbar $\mathfrak{M}_{\nu+1,\,\nu} = \mathfrak{M}_{\nu,\,\nu+1}$ (allgemein gültige Feld-konfigurationsbedingung) und $\mathfrak{L}_\nu = \mathrm{const} = \mathfrak{L}_{\nu+1}$ (spezielle Konstruktionseigen-schaft nach Fußnote [1]), S. 28) für die Hochspannungs-Gleichstrommaschine; demnach sind obige Ansätze durch Addition bzw. Subtraktion der angeführten Gleichungen zu bestätigen.

deren Integrale für beliebige Funktionalkoeffizienten Q, q, R, r und Störungsglieder g_+, g_- mit den Kürzungen:

$$lg\,Q + \int \frac{R}{Q}\,dt = U \qquad \dots \dots \dots \quad 15$$

$$lg\,q + \int \frac{r}{q}\,dt = u \qquad \dots \dots \dots \dots \quad 16$$

in der Kommutationszeit $o \dots t \dots T$ (Fig. 22) allgemein ausgedrückt werden durch das symmetrische Formelpaar:

$$i_+ = e^{-U} \cdot \left(\int_0^t \frac{g_+}{Q}\, e^{+U} dt + c_+ \right) \qquad \dots \dots \dots \quad 17$$

$$i_- = e^{-u} \cdot \left(\int_0^t \frac{g_-}{q}\, e^{+u} dt + c_- \right) \qquad \dots \dots \dots \quad 18$$

Die Integrationskonstanten c_+, c_- ergeben sich mittels folgender Anfangs- bzw. Grenzbedingungen (siehe Fig. 22 und Gl. 12):

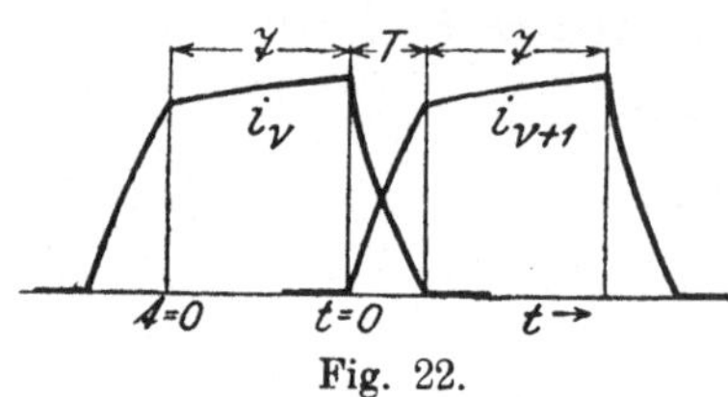

Fig. 22.

$$i_+^{\,0} = + \, i_-^{\,0} = i_\nu^{\,\mathfrak{T}}$$
$$i_+^{\,T} = - \, i_-^{\,T} = i_\nu^{\,0}.$$

Da noch:

$$\mathfrak{T} + T = \tau/n = \beta,$$

d. h. die Vollastzeit und Kommutationsdauer die Periodenzeit der induzierten Maschinenimpulse ausmachen müssen, resultieren aus den Integralen 9, 17, 18 nach Spezialisierung auf ihre Ablaufmomente ($\mathfrak{T}$ bzw. T) zwischen $i_\nu^{\,0}$, $i_\nu^{\,\mathfrak{T}}$, $\mathfrak{T}$ drei unabhängige Gleichungen.

Idealkommutierung: Die Auflösung dieser Gleichung setzt die Störungsglieder $\mathfrak{G}$, g_+, g_- als bekannt voraus. Dies ist der Fall wenn neben den Erregerfeld-EMKen e_ν^E, e_+^E, e_-^E auch die Gleichrichterventilspannungen ε_ν, ε_+, ε_- gegebene Zeitfunktionen bedeuten. Die ersteren sind für die verschiedenen Stufenbereiche der Idealkurven abteilungsweise (nach Fig. 2, S. 9: $e_\nu = \mathfrak{E}$ für die Vollastzonen) und insbesondere für die Kommutierungszonen konstant nach den Gleichungen:

$$e_+^E = \mathfrak{E} + \mathfrak{F} = \sigma_+ \qquad \dots \dots \dots \dots \quad 19$$
$$e_-^E = \mathfrak{E} - \mathfrak{F} = \sigma_-, \qquad \dots \dots \dots \dots \quad 20$$

die letzteren hingegen sind bei einem Gleichrichter in komplizierter Weise differentiell von den Ventilspannungen abhängig; für die

expliziten Berechnungen bei den Metalldampf- (vornehmlich Queck-
silberdampf-) Gleichrichtern kann jedoch unbedenklich[1]):

$$\varepsilon_\nu = \text{const} = \varepsilon \quad \ldots \ldots \ldots \ldots \quad 21$$

als fiktiver Ansatz gelten. Die tatsächliche Diskrepanz wird in den
Kommutierungsformeln noch insofern herabgesetzt, als dort die Gleich-
richterspannungen mit den ganz unverhältnismäßig größeren Phasen-
EMKen additiv verknüpft sind.

Die Phasenkommutation läßt sich für die in den Abschnitten
S. 14 und 17 besprochenen Maschinen individuell beschreiben, sofern
noch die Ankerinduktivitäten L, Q, q berechnet sind. Da nach den
Definitionen $\mathfrak{L} = \frac{1}{2}(Q + q)$ ist, erledigt sich die Berechnung der Phasen-
selbstinduktionen und damit des Phasenvollstromverlaufes nach
Gl. 9 gleichzeitig mit der Bestimmung der kombinierten Induktivitäten, was in den nächsten Abschnitten geschehen soll.

Kommutation in „verteilten" Hochspannungsphasen.

In Fig. 23 sind W_ν, $W_{\nu+1}$ zwei nach dem Prinzip der verteilten
Wicklungsarmaturen konstruierte Hochspannungsphasen, von welchen
die erste aus der Kommutation aus-
und die zweite in die Kommutation
eintritt. Zum Zweck der Induktivitätsberechnung sind die Ankergegenflüsse
$\overline{\varphi}_I^A$, $\overline{\varphi}_{II}^A$ der von den Elementarphasen-
strömen im gleichen, bzw. entgegen-
gesetzten Sinn umlaufenen Spulenüber-
lappungsflächen F_I, F_{II} auf zwei Arten
auszudrücken, einerseits nach dem Hopkinsonschen Gesetz durch die MMKe

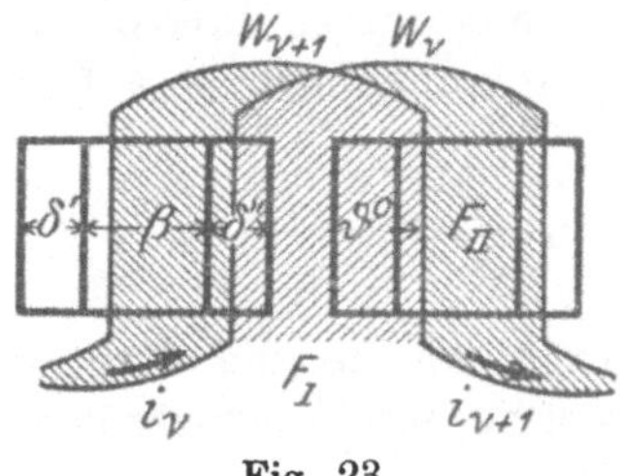

Fig. 23.

k_I^A, k_{II}^A des Gegenfeldes und den magnetischen Übergangsleitfähigkeiten l_I, l_{II}, andererseits nach dem Superpositionsprinzip durch die
kombinierten Flüsse $\overline{\varphi}_+^A$, $\overline{\varphi}_-^A$. Die Doppelgleichungen lauten[2]):

$$\overline{\varphi}_I^A = w k_I^A l_I = \tfrac{1}{2}\,\overline{\varphi}_+^A$$
$$\overline{\varphi}_{II}^A = w k_{II}^A l_{II} = \tfrac{1}{2}\,\overline{\varphi}_-^A$$

---

[1]) Bei den Hg-Dampfgleichrichtern ist bekanntlich je nach der Größe usw.
ε ca. 15—20 Volt.

[2]) Hier ist vorausgesetzt, daß die Ankerwicklung regulär sei, es gibt jedoch
auch irreguläre Wicklungen, so die $\mathfrak{n} = n/2$-Phasenwicklungen für Doppelkommutierbetrieb, die aus den n-Phasenwicklungen mit gerader Phasenzahl n
durch Weglassen der Inversphasen $n/2 + 1, \ldots n$ entstehen. Die Kommutation
solcher Wicklungen fügt sich der Theorie, wenn die fehlenden Wicklungen
gleichsam als Seriephasen ergänzt und dann sämtliche Windungszahlen halbiert
eingeführt werden.

und zeitigen durch Vergleich der Glieder rechts mit den entsprechenden Gleichungen auf Seite 29 und Elimination der Ströme für Q, q:

$$Q = \frac{2\pi}{m} w l_{I} z^{A\,2} \qquad \ldots \ldots \ldots \quad 22$$

$$q = \frac{2\pi}{m} w l_{II} z^{A\,2}, \qquad \ldots \ldots \ldots \quad 23$$

in welchen m die Erregerpolpaarzahl und z^A die Phasenwindungszahl bedeutet. Vermittels der Dimensionierungswinkel (S. 16):

$$\beta = \alpha : n; \qquad \delta = \delta' + \delta''$$

und spezifischen Übergangsleitfähigkeiten (pro cm² Übertrittsfläche) $\mathfrak{x}$, $\mathfrak{y}$ der inneren und äußeren Erregerpolstufen findet man (bezogen auf Ankerradius $\mathfrak{r} = \mathfrak{r}$ und Ankertiefe $\mathfrak{t} = 1$):

$$l_{I}/\mathfrak{r} = \delta \cdot \mathfrak{y} + \vartheta^0 (\mathfrak{x} - \mathfrak{y}) \quad \ldots \ldots \ldots \quad 24$$

$$l_{II}/\mathfrak{r} = \beta \cdot \mathfrak{x} - \vartheta^0 (\mathfrak{x} - \mathfrak{y}), \quad \ldots \ldots \ldots \quad 25$$

d. h. lineare Veränderliche des Verdrehungswinkels ϑ^0 oder mit den Konstanten a, b, c[1]) der Kommutierungszeit t:

$$Q = a + bt \quad \ldots \ldots \ldots \ldots \quad 26$$

$$q = c - bt. \quad \ldots \ldots \ldots \ldots \quad 27$$

Mit diesen Linearansätzen sind nun die Integrationen in 15, 16 vorzunehmen, was für U, u auf die Logarithmenformeln führt:

$$U = lg\, Q^{1+\frac{R}{b}}$$

$$u = lg\, q^{1-\frac{r}{b}},$$

durch welche die Exponentialglieder in 17, 18 auf geschlossen integrierbare Potenzfunktionen reduziert werden. Die Endformeln für i_{+}, i_{-} lauten:

$$i_{+} = i^0 \cdot \frac{a}{Q}\bigg|^{1+\frac{R}{b}} - \frac{g_{+}}{R+b}\left(\frac{a}{Q}\bigg|^{1+\frac{R}{b}} - 1\right) \quad \ldots \ldots \quad 28$$

$$i_{-} = i^0 \cdot \frac{c}{q}\bigg|^{1-\frac{r}{b}} - \frac{g_{-}}{r-b}\left(\frac{c}{q}\bigg|^{1-\frac{r}{b}} - 1\right) \quad \ldots \ldots \quad 29$$

---

[1]) Von den Betriebskonstanten ist $a = \frac{\delta \mathfrak{y}}{\beta \mathfrak{x}} c$ und b, c lauten für Maschinen mit Ankerradius $\mathfrak{r}$ und Ankertiefe $\mathfrak{t}$ (wenn alle Längs- und Bogenmaße in cm ausgedrückt werden) in praktischen Einheiten

$$b = \frac{2\pi}{m} \omega w \mathfrak{r} t z^{A\,2} (\mathfrak{x} - \mathfrak{y}) \cdot 10^{-9} \text{ Ohm}$$

$$c = \frac{2\pi}{m} \omega w \mathfrak{r} t z^{A\,2} \cdot \mathfrak{x} \cdot 10^{-9} \text{ sec Ohm}$$

und liefern die Kommutationsdauer T, wenn $\mathfrak{D}$ in Volt, i^0 in Ampere gegeben ist, direkt in Sekunden.

Aus der dynamischen Stromverteilung (bekannt bis auf i^0) läßt sich auch der Ablaufsmoment der Kommutierung als asymptotische Lösung der ungewellten Phasenvollstrombelastung fixieren. Es ist dafür:

$$i_+^T = - i_-^T = i^0.$$

Dies auf die Gl. 28, 29 angewendet, in welchen g_+, g_- sich durch die Stufen-EMKe und Gleichrichterventilspannungen, ferner R, r durch die Phasen- und Netzwiderstände ausdrücken lassen, liefert für den Grenzstrom:

$$i^0 = \frac{\mathfrak{E} - \mathfrak{D}/2 - \varepsilon}{r_g + r/2 + b/2} = i_g/p \quad \dots \dots \dots \quad 30$$

und folgende Bedingung:

$$\frac{q_T}{c} = \left(\frac{\mathfrak{D} - r - b \cdot i^0}{\mathfrak{D} + r - b \cdot i^0}\right)^{\frac{b}{r-b}} \quad \dots \dots \dots \quad 31$$

für die Kommutierungsdauer:

$$T = \frac{c}{b}\left(1 - \frac{q_T}{c}\right), \quad \dots \dots \dots \quad 32$$

die also stark von den Wicklungsinduktivitäten, der Stufendifferenzspannung $\mathfrak{D}$ und der Maschinenbelastung i^0 abhängt. Funkenfreier Gang des Kommutators wird demgemäß auch nur für diejenigen Belastungen erzielt, für welche die Kommutatorkontakte der Stromwendephasen bis zum Kommutationsabschluß beide bestehen.

Kommutation in „konzentrischen" Hochspannungsphasen.

In Fig. 24 ist das Konstruktionsschema einer mit konzentrischen Polwicklungen ausgestatteten Hochspannungs-Stufenmaschine abgebildet, bei welcher der Belastungsteilstrom der Elementarphase ν auf die Elementarphase $\nu + 1$ umkommutiert wird. Das Ankerfeld verteilt sich bei solchen Maschinen sehr ungleich auf die verschiedenen Übertrittsflächen des Maschinenluftspaltes, es läßt sich aber durch die Induktivitätsberechnung wie folgt umfassend berücksichtigen. — Für jeden magnetischen Phasenpolkreis ν, ϱ gilt nach der Hopkinsonschen Formel zwischen den

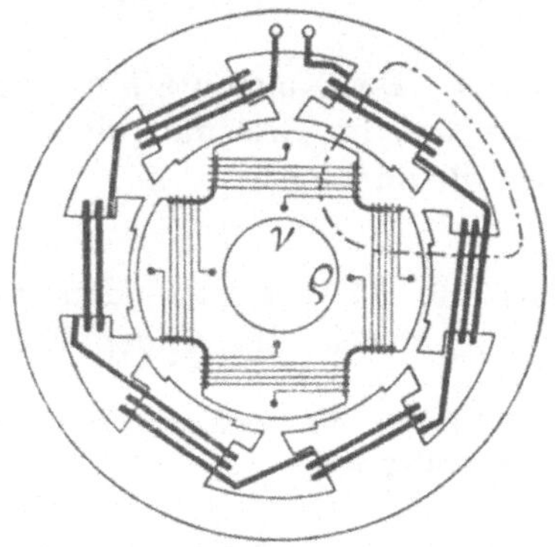

Fig. 24.

Phasenflüssen $\overline{\varphi}_{\nu}^{A}$, $\overline{\varphi}_{\varrho}^{A}$ und den Phasenströmen i_{ν}, i_{ϱ} (da die magnetische Übergangsleitfähigkeit l_P für jeden Phasenpol gleichgroß ist):

$$\overline{\varphi}_{\nu}^{A} - \overline{\varphi}_{\varrho}^{A} = 4\,\pi\,(i_{\nu} - i_{\varrho})\,l_P z^A \ . \ . \ . \ . \ . \ . \ . \quad 33$$

Summiert man mit Berücksichtigung der Kraftlinienkontinuität und der Amperewindungsrichtungen nach den Formeln:

$$\sum_{\varrho \neq \nu} \varrho \left(\overline{\varphi}_{\nu}^{A} - \overline{\varphi}_{\varrho}^{A}\right) = n\,\overline{\varphi}_{\nu}^{A}$$

$$w = 1: \qquad \sum_{\varrho \neq \nu} \varrho \ (i_{\nu} - i_{\varrho}) \ = ni_{\nu} - i_{g}$$

$$w = 2: \qquad\qquad\qquad\qquad = ni_{\nu},$$

so folgt unmittelbar durch Anwendung von Gleichung 33 auf zwei Phasenindizes ν, $\nu + 1$ nach den Definitionsformeln für Q, q, S. 29[1]):

$$\frac{n}{n-2}\,Q = 4\,\pi l_P z^{A\,2} = q; \qquad w = 1 \quad \ . \ . \ . \ . \ . \ . \quad 34$$

$$Q = 4\,\pi l_P z^{A\,2} = q; \qquad w = 2, \quad \ . \ . \ . \ . \ . \quad 35$$

d. h. für jede Induktivität ein von der Läuferstellung unabhängiger Ausdruck. Mit diesen Konstanten hat man nun die Integrationen in 15, 16 auszuführen, was:

$$U = lg\,Q + \frac{R}{Q}\,t$$

$$u = lg\,q + \frac{r}{q}\,t,$$

d. h. gemischt logarithmische und linear-zeitliche Exponenten der Integralformeln 17, 18 für die Kommutationsströme:

$$i_{+} = i^{0} \cdot e^{-\frac{R}{Q}t} - \frac{g_{+}}{R}\left(e^{-\frac{R}{Q}t} - 1\right) \ . \ . \ . \ . \ . \ . \quad 36$$

$$i_{-} = i^{0} \cdot e^{-\frac{r}{q}t} - \frac{g_{-}}{r}\left(e^{-\frac{r}{q}t} - 1\right) \ . \ . \ . \ . \ . \ . \quad 37$$

abgibt. Der Kommutationsvorgang läßt sich aus seinem Endzustand, nach den im Grenzfall eines geradlinigen Phasenvollstromes gemäß den Bedingnngen:

$$i_{+}^{T} = -\,i_{-}^{T} = i^{0}$$

aus 36, 37 resultierenden Formeln beurteilen, die — nachdem g_{+}, g_{-} durch die Stufen-EMKe und R, r durch die Ohm schen

---

¹) Für die praktische Berechnung ist $\mathfrak{D}$ in Volt und i^{0} in Ampere, r in Ohm und q als

$$q = 4\,\pi l_P\,z^{A\,2} \cdot 10^{-9} \text{ sec Ohm}$$

in die hiernach auf Sekunden lautenden Kommutierungsformeln einzuführen.

Phasen- und Belastungswiderstände ersetzt sind — für den End-
strom:

$$i^0 = \frac{\mathfrak{E} - \mathfrak{D}/2 - \varepsilon}{r_g + r/2} = i_g/p \quad \dots \dots \dots \quad 38$$

und die Kommutationsdauer eines Belastungswechsels:

$$T = \frac{q}{r} \, lg \left(\frac{\mathfrak{D} + i^0 r}{\mathfrak{D} - i^0 r} \right) \quad \dots \dots \dots \quad 39$$

hinführen. Schwerwiegend ist stets der Einfluß der Ankerinduk-
tivität q, der Differenz-EMK $\mathfrak{D}$ des Erregerfeldes und der Stromstärke i^0 bzw. Gleichstromstärke i_g. Hingegen kommt normalerweise
die Größe des Phasenwiderstandes r gegenüber der Wicklungsinduk-
tivität q bei kurzzeitiger Stromwendung kaum zur Geltung.

Bisher ist die Phasenkommutation für die normalen Belastungszustände der Hochspannungs-Gleichstrommaschine betrachtet worden.
Die Stromwendung der Ma-
schinenströme erfolgt dann
restlos im Gleichrichter, und
der mechanische Kommutator
bleibt Leerlaufsschaltapparat.
— Ungeklärt ist jedoch, was
bei Überlastung der Maschine
eintritt. Um hierauf zu ant-
worten, sind zunächst weitere

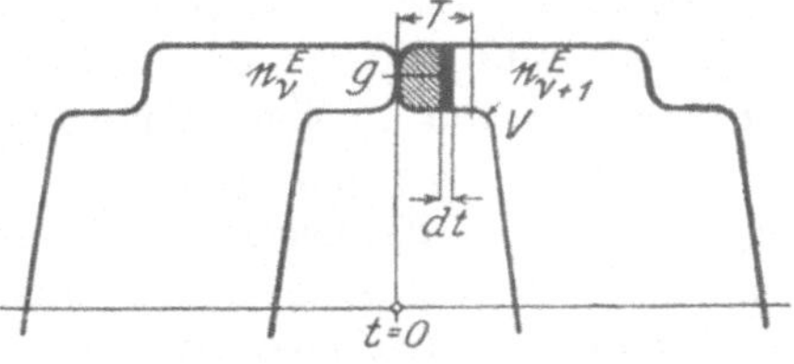

Fig. 25.

Einzelheiten über das physikalisch-technische Problem des Kom-
mutationsvorganges von Interesse. — Der Übergang von der analy-
tischen zu einer graphischen Deutung gelingt mittels Gl. 14
und Fig. 25, nach welchen durch die Differentialflächen

$$g_- \cdot dt = r \cdot i_- \cdot dt + d(q \cdot i_-) \quad \dots \dots \dots \quad 40$$

zwischen den Erregerfeldkurven (e_ν^E, $e_{\nu+1}^E$) die Summe der während
der Stromwendung verfügbaren Kommutier-EMK dargestellt wird.
Bei praktischen Maschinen sind die Ohmschen Ankerwiderstände r
für die Kommutation nebensächlich und die Ankerinduktivitäten q
entweder ganz oder doch nahezu zeitkonstant (Gl. 35 bzw. 27); der
Differenzstrom i_- ist deshalb grobhin proportional der Zeitfläche
über g_-. Während der Kommutation sind in beiden Belastungs-
phasen die Gleichrichterspannungsabfälle approximativ gleich (Formel 21) und die Betriebsanoden machen gemeinsam dieselbe
aperiodische Potentialschwankung durch. Die Phasenspannungen
reißen erst voneinander ab, wenn die Stromkommutierung beendigt,

d. h. die eine Phase in die Gleichstrombelastung und die andere in den Leerlaufbetrieb übergetreten ist. Nach den klassischen Formeln 32 bzw. 39 über die Kommutierungsdauer T und dem oben Erörterten geschieht dies um so später, je stärker die Maschinenbelastung ist; hieraus folgt, daß mit zunehmender Überlast eine „kritische Belastungsgrenze" erreicht wird, von der an der Lamellenkommutator nicht mehr funkenfrei arbeitet. Dies dürfte jedenfalls für einen Generator bei Netzkurzschlüssen (bzw. mehrfacher Normallast) und für einen Motor bei übermäßigem Tourenabfall (d. h. zu großer Treiblast) zutreffen.

Für eine betriebssichere Maschine ist zu fordern, daß eine solche Störung vorübergehend schadlos ertragen wird. Möglicherweise soll es direkt ausgeschlossen sein, daß der Gleichrichter durch zu hohe Spannungen der Gefahr des Zertrümmertwerdens ausgesetzt ist, ferner, daß der Kommutator durch Entwickeln von Rundfeuer an den Gleitbahnen ausbrennen kann.

Diese Bedingungen können auch erfüllt sein, wenn der Kommutator funkt bzw. nach den ablaufenden Bürsten Lichtbogen zieht, die jedoch sukzessive in den Zeitabschnitten zwischen den Phasenbetriebszonen durch eine ungehemmte Gleichrichtertätigkeit vollständig zum Erlöschen gebracht werden. Es gehört mit zu den tiefgründigsten Eigenschaften der Hochspannungs - Gleichstrommaschine, daß der Gleichrichter hierbei keine abnormen Spannungskulminationen aufzunehmen hat. An den Gleichrichterventilen regeln sich die Spannungsabfälle lediglich entsprechend dem Leitungsvorgang der Ströme (durch Elektronen- und Ionenwanderung) und erzwingen sich in sämtlichen Betriebsphasen ihr bestimmtes Äquivalent an „Überspannungen" (Summe der Ohmschen, induktiven und Lichtbogen-Spannungsabfälle). Ein freier Schwingungsvorgang hebt für die Spannung der Abschaltphase erst an, wenn ihr Strom vollständig abgeklungen ist. Die Phasenspannung kann fast unstet von ihrem Betriebswert auf einen erheblich abweichenden Leerlaufsbetrag einspielen, ohne daß für den Gleichrichter Rückzündungsloder Durchschlagsgefahr eintritt. In dem Augenblick, da der Strom verschwindet, geht nämlich auch der damit gespeiste Kommutatorlichtbogen aus und die Luftstrecke des bereits früher geöffneten Kommutatorkontaktes kommt als hochwertiger Seriewiderstand in der Phase nun voll zur Wirkung.

Zwischen Generator und Motor besteht ein wesentlicher Unterschied in den Geltungsbereichen der „elektrischen Kommutierstabilität", deren Kennzeichen sich differentiell in folgende Beziehung fassen läßt:

$$\frac{di_-}{dt} < 0 \quad . \quad . \quad . \quad . \quad . \quad . \quad . \quad . \quad . \quad . \quad . \quad 41$$

Die Stromwendung muß also in jedem stabilen Moment weiter ge-
fördert werden und darf niemals rückwärts schreiten. Beim Generator ist dies stets und auch über den Grenzpunkt V der „Überlappungszonen" (Fig. 25) hinaus der Fall, und die Kommutation ver-
läuft von dort an nur um so rascher, da g_- rapid zunimmt. Beim
Motor verhält sich die Sache anders, der Grenzpunkt V bildet für
diesen gleichzeitig die Stabilitätsgrenze, über welche hinaus infolge
Zeichenwechsels von g_- das Kommutationsgleichgewicht umkippt.
Ist die Kommutation bis V nicht abgeschlossen, so wird sie weiterhin sehr rasch rückgängig gemacht und geht hierauf unvermeidlich
in den stärksten Kurzschluß zwischen den Phasen über. Es ist
deshalb beim Motor dringend geboten, die Belastungshöhe durch
automatische Hilfsvorrichtungen zu begrenzen.

Konstruktiver Teil.

Der voranstehende Teil der Abhandlung hat sämtliche nach
der Erfindungsidee funktionierbaren Hochspannungs-Gleichstrom-
maschinen erläutert. Nach der Problembehandlung gibt es zwei
ihrem Betriebszweck adäquate Konstruktionslösungen, — einen Mehrphaseninduktor mit „verteilten" und einen solchen mit „konzentrischen" Parallelschaltphasen. — Vom rein konstruktionstheoretischen
Standpunkt ist die Phasenzahl ein unbeschränkter Freiheitsgrad und
jede zur Erzeugung oder Rückgewinnung von hochgespannter Gleich-
stromenergie konstruierbare Maschinenform gleichbedeutend. Eine
spezielle Auslese ist für die Anwendungspraxis nur durch die For-
derung einer wirtschaftlich günstigsten Materialausbeute zu treffen.
Die Extremumsbedingungen verweisen diesbezüglich auf die 4-Phasen-
maschinen mit verketteten Gegenphasen, bei welchen beide Wechsel-
impulse strombelastet sind. Es ist das Ziel dieses Abschnittes, an-
geregt durch die qualitative Beschreibung einer konkreten Labora-
toriumsdynamo, die Grundlage für die quantitative Berechnungs-
formalistik der ökonomischsten Gebrauchsdynamo zu schaffen.

Die Konstruktion einer Hochspannungs-Gleichstrommaschine hat
— selbstverständlich in ähnlicher Weise wie bei andern dynamo-
elektrischen Maschinen — dreierlei Gesichtspunkten Rechnung zu
tragen. Der erste magnetische Konstruktionsteil befaßt sich
mit der Formgebung des Magneteisens nach Maßgabe der im Betrieb
erforderlichen Kraftflußmengen und -verläufe, dem zweiten elektrischen Konstruktionsteil ist die Dimensionierung der Hochspannungsphasen für die vorgeschriebenen Betriebsspannungen und
-ströme unterstellt und der dritte, mechanische Konstruktionsteil behält sämtliche Einzelheiten über den dynamischen Antrieb
und die mechanische Festigkeit des Konstruktionsbaues für sich.

Lamellenkommutator und Ventilgleichrichter sind die zugehörigen
Kommutiervorrichtungen, die nach dem Typus und der Verwendung
des Mehrphaseninduktors zu disponieren und zu bemessen sind. Beim
Kommutator ist die Lamellenzahl eindeutig durch die Zahl der Ma-

schinenphasen und Umlaufsperioden bestimmt und die Isoliersegmente richten sich in ihrer Bemessung direkt nach Strom und Spannung. Beim Gleichrichter ist die Ventilzahl übereinstimmend mit der Zahl der Kommutatorringe und die Ventilspannungen sind nach der Stufenspannung des Ankers zu schätzen.

Nach dem hier aufgestellten Programm ist die Modellmaschine, gleichviel, welche Überlegungen dazu geführt haben, mit sämtlichen Daten als gegeben zu betrachten und an ihr nur insoweit eine „Konstruktionsanalyse" vorzunehmen, als dies zur Orientierung über den zu erzielenden Betrieb und insbesondere für eine empirische Kontrolle der Maschinentheorie Zweck hat. Die synthetische Berechnungsmethode, welche sich durch ihre Schlußformeln von diesen zunächst notwendigen Voraussetzungen wieder befreit, schließt sich dann logischerweise, jedoch als der wichtigere Teil, ungesucht hinten an.

Die Hochspannungs-Versuchsmaschine ist konstruiert mit konzentrischen Phasen nach den Angaben:

Erregerpolpaarzahl $m = 3$; Phasenpolzahl $n = 4$;
Ankerradius . . . $\mathrm{r} = 17,5$ cm; Ankertiefe . . $\mathrm{t} = 10,9$ cm.

Innerer Erregerpolluftspalt $\lambda_\xi = 0,4$ cm;
Äußerer Erregerpolluftspalt $\lambda_\eta = 0,6$ cm;
Erregerpolwindungszahl . $z^E = 480$;
Phasenpolwindungszahl . $z^A = 300$.

Der Betrieb läßt sich charakterisieren durch das Superpositionsbild eines Leerlaufs- und eines Belastungszustandes, d. h. ausreichend durch die Stufen-EMK $\mathfrak{E}$, Stufendifferenz-EMK $\mathfrak{D}$, den Erregerstrom i^E und Ankerstrom $\overset{.}{\imath}$. Willkürlich lassen sich hierbei für den Rotoranker:

Mechanische Tourenzahl $u = 666^2/_3$ bzw.
Winkelgeschwindigkeit . $\omega = 69,8$,

und für die Statorerregung:

Inneres Stufenfeld $\mathfrak{H}_\xi = 7500\ CGS$ bzw.
Äußeres Stufenfeld $\mathfrak{H}_\eta = 5000\ CGS$

annehmen[1]), so daß:

$$\frac{\mathfrak{H}_\xi}{\mathfrak{H}_\eta} = \frac{\lambda_\eta^{\,1}}{\lambda_\xi} = \frac{\mathfrak{E}}{\mathfrak{E} - \mathfrak{D}} \quad \ldots \ldots \ldots \ldots \quad 1$$

Genüge getan wird und nach Formel 17, S. 14 der Spannungs-EMK:

$$\mathfrak{E} = 2\,\omega\,\mathrm{r}\,\mathrm{t}\,z^A\,\mathfrak{H}_\xi \cdot 10^{-8} \quad \ldots \ldots \ldots \ldots \quad 2$$

---

[1]) Diese spezifischen Betriebsdaten sind hier, um einen Vergleich der rechnungs-theoretischen Resultate mit den empirisch-praktischen Ergebnissen des nächsten Hauptabschnittes zu ermöglichen, mit den Versuchsannahmen identifiziert.

für die inneren und äußeren Stufenabschnitte zu rechnen ist:

$$\mathfrak{E} = 600\,\text{Volt}; \quad \mathfrak{D} = 200\,\text{Volt}. \quad\ldots\ldots\ldots 3$$

Nächst wichtig ist die Erregerstromgröße, welche sich nach dem magnetomotorischen Spannungsgesetz:

$$i^E z^E = \frac{1}{4\pi}\,\mathfrak{H}_\xi \lambda_\xi$$

netto aus der für den wirklichen Maschinenluftspalt nötigen „theoretischen" Erregerpol-Amperewindungszahl

$$a_{th}^E = 2387 \quad\ldots\ldots\ldots\ldots\ldots 4$$

ableitet. Für die MMK-Verluste der Eisenwege und hierin enthaltenen Stoßfugenluftspalte ist ein Zuschlag — schätzungsweise von $80\,{}^0/_0\,{}^1)$ — erforderlich, und somit:

$$i_{pr}^E = 8,95 \backsim 9,00\ \text{Amp.} \quad\ldots\ldots\ldots 5$$

der praktische Erregerstrom, und anders interpretiert, der Magnetwiderstand eines Erregerkreises, „an den Luftspalt projiziert", ideell durch:

$$l_\xi = 0,724\ \text{cm}; \quad l_\eta = 1,086\ \text{cm} \quad\ldots\ldots\ldots 6$$

zu voranschlagen ist.

Schließlich ist noch die Größe des funkenfrei kommutierbaren Ankerstromes unbekannt. Aufschluß erteilt die Formel[2]:

$$T = \frac{q}{r}\,\lg\left(\frac{\mathfrak{D} + \mathfrak{J}r}{\mathfrak{D} - \mathfrak{J}r}\right) \text{sec} \quad\ldots\ldots\ldots 7$$

nach Gl. 39, S. 35 für die Kommutationsdauer, in welcher gemäß einem hier zu unternehmenden Ansatz:

$$q_{pr} = 4\pi\beta\left(\frac{1}{l_\xi} + \frac{1}{l_\eta}\right)\mathfrak{r}\,\mathfrak{t}\,z^{A\,2}, \quad\ldots\ldots\ldots 8$$

d. h. $\qquad\qquad = 0{,}261\ \text{sec Ohm},$

statt mit den wirklichen, den ideellen Luftspalten zu bilden ist, wozu die Reziprozität der Ankerinduktivitäten zu den Magnetkreiswiderständen berechtigt. — Der Ohmsche Phasenwiderstand folgt weiter aus:

---

[1] Der Amperewindungszuschlag hängt natürlich des bestimmtesten von der ganzen Magnetwegkonstruktion ab; — daß hier genau $80\,{}^0/_0$ dafür vindiziert sind, rechtfertigt sich nur durch die Prüfversuche. —

[2] Für funkenfreie Kommutierung ist Parallelschaltung der Ankergegenphasen erforderlich; Phasen- und Gleichstrom (für die praktische Rechnung in der hier verwendeten Bezeichnung als konstante Wellenamplituden gedacht) entsprechen sich dann durch $\mathfrak{J} = \dot{I}/2$.

$$r = \frac{\varrho_{Cu}}{q}\left(\frac{8\pi\mathfrak{r}}{3} + t\right) z^A, \quad \ldots \ldots \ldots \quad 9$$

d. h. $\qquad = 5{,}56 \text{ Ohm},$

wenn $\varrho_{Cu} = 0{,}018$ den spez. Kupferwiderstand und $q = 0{,}567$ mm² den Runddrahtquerschnitt und die „mittlere Windungslänge" approximativ den Ankerpolumfang bedeutet. Außerdem ist:

$$T = \frac{60}{4\pi u} \cdot \beta, \quad \ldots \ldots \ldots \ldots \quad 10$$

d. h. $\qquad 1{,}875 \cdot 10^{-3}$ sec

die Stromkommutationsdauer für die gut einzuhaltende Kommutierungsverdrehung $\tau = \beta/4 = 7{,}5^0$. Als Betriebsstrom liefert die explizite Belastungsformel von Gl. 7:

$$\mathfrak{J} = \frac{e^{T\frac{r}{q}} - 1}{e^{T\frac{r}{q}} + 1}\,\mathfrak{D}/r \quad \ldots \ldots \ldots \quad 11$$

für einen Zweiphasen-Doppelkommutierbetrieb, bei welchem von den 4 Ankerphasen die inversen Wicklungen kreuzweise parallelgeschaltet sind:

$$\mathfrak{J} = 0{,}7171 \text{ Amp.} = \tfrac{1}{2}\dot{I}. \quad \ldots \ldots \ldots \quad 12$$

Der Anker-Maximalstrom $\dot{I} = 1{,}434$ Amp. ist ungefähr der kritische Minimalstrom eines kleineren Quecksilberdampfgleichrichters, der nach einmal eingeleiteter Lichtbogenerregung zur weiteren selbständigen Lichtbogenzündung gerade noch hinreicht.

Im übrigen bleibt noch zu bemerken, daß für die Versuchsmaschine die erhaltenen Resultate für Belastungszustände mit anderer Tourenzahl u, Erregerstromstärke i^E und Kommutierungsverdrehung τ sich nach den Proportionalgesetzen für die Leerlaufspannung:

$$\mathfrak{E} = c\,i^E u \quad \ldots \ldots \ldots \ldots \quad 13$$

und den Belastungsstrom:

$$\mathfrak{J} \sim C\,i^E \tau \quad \ldots \ldots \ldots \ldots \quad 14$$

gemäß einfachen „Dreisätzen" umrechnen. Vergrößert sich lediglich die Tourenzahl, z. B. auf das 3-fache (d. h. 2000 Touren), so vergrößert sich auch die Gleichstromleistung, ungeachtet sämtliche Stromwärmeverluste (am Anker und an der Erregung) sich gleich bleiben, in demselben Verhältnis.

Für die Hochspannungs-Versuchsmaschine haben die Herren Ph. und K. Knoch, Fabrikanten in Klagenfurt, bereitwilligst die Mittel zur Verfügung gestellt, wofür hier nochmals besonders gedankt sei. Die technische Ausführung lag größtenteils in den Händen der mechanischen Werkstätte von A. Jöge in Zürich und wurde

Maschinenstator.

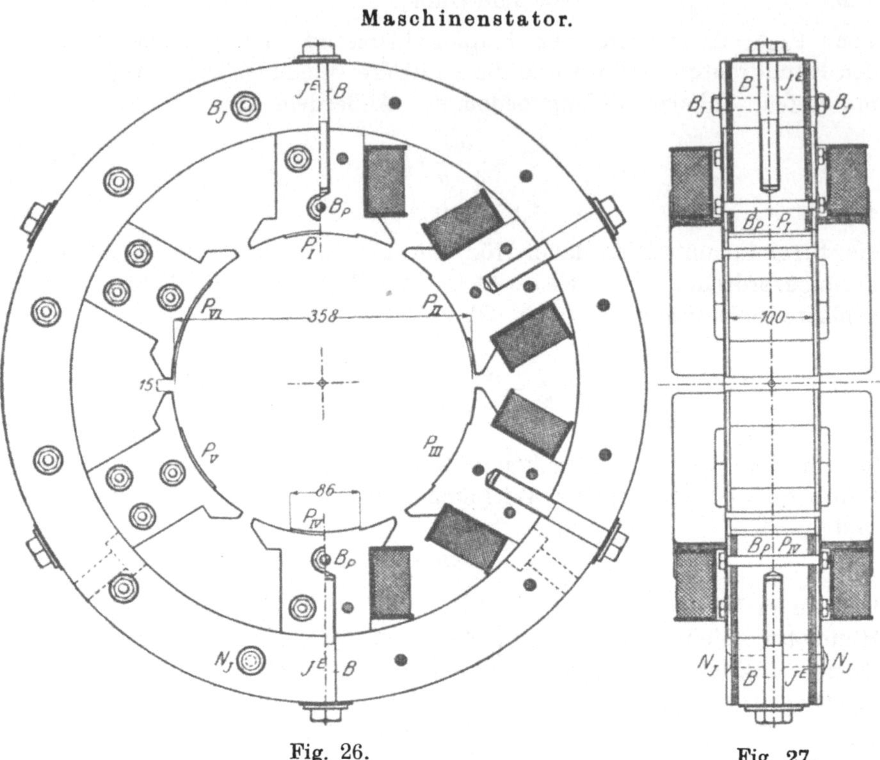

Fig. 26.   Fig. 27.

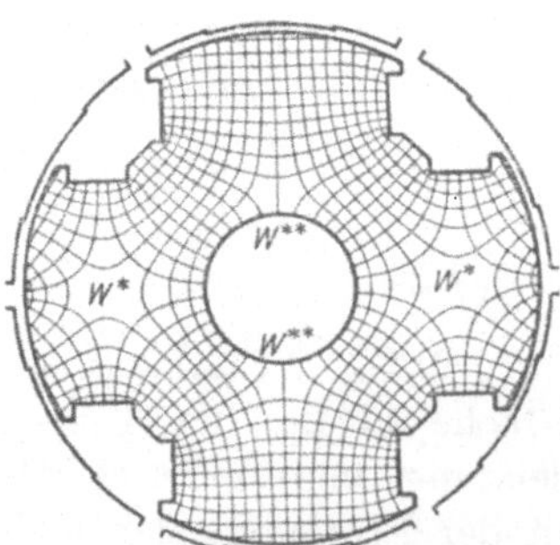

Fig. 28. Ungestreutes Rotorfeld.

nach den selbstverfertigten Konstruktionsplänen des Verfassers mit Umsicht erledigt. Diese Zeichnungen sollen des weiteren in den Mittelpunkt der Betrachtung gerückt werden.

Die Fig. 26 bis 32 veranschaulichen den ganzen Dynamo-Magnetinduktor vermittels Ansicht- und Schnittzeichnungen, und zwar separat Stator und Rotor je im Auf- und Seitenriß.

Der Maschinenständer (Fig. 26 und 27) besteht, ähnlich den Statorerregern von gewöhnlichen Gleichstrom-Kollektormaschinen aus sechs mit den Magnetwicklungen bespulten Feldpolen $P_I \ldots P_{VI}$, welche symmetrisch verteilt in ein kreisringförmiges Erregerjoch J^E eingepaßt sind. Pol- und Jochkörper sind aus 172 Stück spezial-legierten und mit Papier beklebten Eisenblechlamellen (à 0,5 mm aktiver Stärke) geschichtet und werden vermittels Deckplatten (von 4 bzw. 6 mm Dicke) und durch Hartpapierunterlagen isolierte, eiserne Querbolzen B_J, B_P unter Pressung zusammengehalten. Die Polbefesti-

Maschinenrotor.

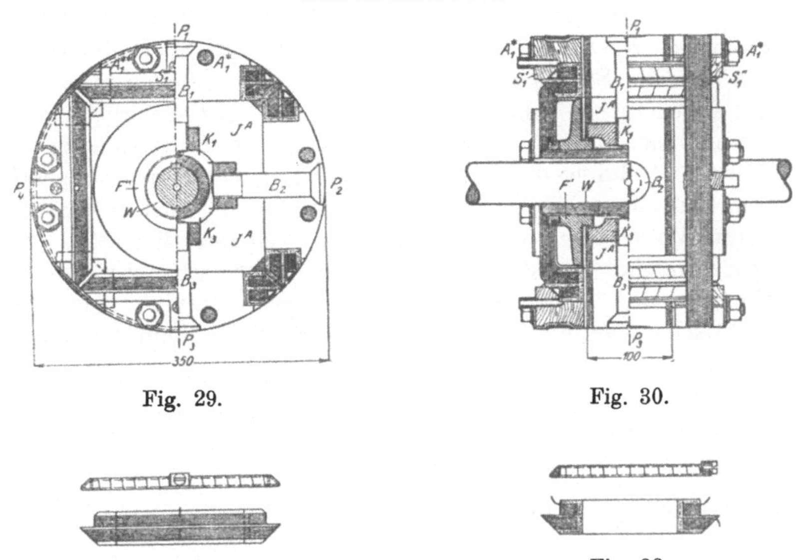

Fig. 29.   Fig. 30.

Fig. 31.   Fig. 32.

gung erfolgt durch zentrisch gerichtete Schmiedeisenbolzen, welche durch spielfrei passende Radialbohrungen des Jochs hindurch direkt in die aus den Blechpaketen der Pole geschnittenen Gewindegänge eingeschraubt sind und durch ihren „Anzug" in den Stoßfugen stets, d. h. bei noch so großen magnetischen Zügen eine elastische Auflagerung gestatten.

Bemerkenswert ist, daß entgegen den präzis nach den Formeln S. 20 zu berechnenden Polschuhdimensionierungen die Erregerpolspitzen sich nicht berühren, sondern zur Verhinderung einer großen Polspitzenstreuung 15 mm voneinander abstehen[1]). Die Kommutierstufen werden hierdurch zunächst verkürzt, lassen sich aber durch

---

[1]) Die Größe des restierenden Streuflusses ist auf S. 60 durch magnetostatische Messung ermittelt.

Verkleinern von β wieder etwas erweitern (bei der Maschine ist β nurmehr $28^{\,0}$). Der indes niemals ganz zu vermeidende Kraftlinienabschub bei den Polschuhkanten nötigt, die Kommutierstufen gegen die Polspitzen etwas nach der Ankerperipherie abzuschrägen.

In Fig. 28 sind die Umrißlinien der wirksamen Erregerpolschuhe so bezüglich der verwendeten Ankerblechfiguren gezeichnet, daß für die „Rotornullstellung" die Luftspaltverteilung ersichtlich ist.

Zudem ist die fiktive (ungestreute) Kraftlinienverteilung durch ein konformes Netz von magnetischen Kraft- und Niveaulinien angegeben[1]). Die Seitenkonturen der Ankerpole und Umrißlinien des Ankerjochgürtels sind so disponiert, daß das Ankerfeld weitmöglichst homogen ist und das Magneteisen allerorts zulässig beansprucht und durch die hysteretische Ummagnetisierung ungefähr gleichstark erwärmt wird. Merkliche Ausnahmen machen nur die singulären Wirbelgebiete W^*, W^{**} mit viel geringerer Eisensättigung.

Ein ähnliches Verhalten muß, wie leicht einzusehen ist, für den Kraftlinienverlauf bei anderen Rotorstellungen zutreffen. Auch wird die praktische Maschine (mit schwacher Streuung und annähernd

---

[1]) Die Konstruktion des Kraftlinienbildes folgt aus den Randbedingungen des im Eiseninnern quellenfreien magnetischen Potentiales φ:

a) für die Erregerpoltouchierungsflächen:

$$\mathfrak{H}_{\mathfrak{z}} = -\frac{\partial \varphi}{\partial n} = 7500 \; CGS, \qquad \mathfrak{H}_{\eta} = -\frac{\partial \varphi}{\partial n} = 5000 \; CGS;$$

b) für die übrigen Ankerkonturen:

$$\mathfrak{H}n = -\frac{\partial \varphi}{\partial n} = 0.$$

Danach ist für die ganzen Ankerschablonenumgrenzungen eine Differentialeigenschaft des Potentiales gegeben, — nämlich für die Poloberflächen, die Felddichtigkeit entsprechend den reziproken Radialluftspalten und für die Zwischenverbindungen und die Ankerbohrung das Gesetz der Streuungsfreiheit —; nach den Randwertsätzen ist deshalb φ innerhalb des ganzen Ankers eindeutig bestimmt. φ stellt sich infolge der magnetisch teilweise isolierten Ankerblechschichtungen und zu vernachlässigender Ankerstirnstreuung fast genau als ein nur von den ebenen Meridiankoordinaten abhängiges, logarithmisches Potential dar, für welches an jeder Stelle die Verhältnisziffer einer beliebigen infinitesimalen Kraftlinienstrecke dK (mit Potentialdifferenz $d\varphi$) zu einer Niveaulinienstrecke dN (mit Kraftflußmenge $d\Phi$ pro cm Feldtiefe)

$$\frac{dK}{dN} = -\frac{d\varphi}{d\Phi}$$

ist, so daß im Kraftlinienbild beispielsweise für die Quotienteinheit ein Netz von differential-konformen Quadraten entsteht.

konstanter Eisenpermeabilität der „Proportional-Magnetisierungszone") im großen und ganzen dasselbe zeigen.

Nach diesem versteht sich die Eisenkonstruktion des Maschinenläufers (Fig. 29 und 30) sozusagen von selbst; es sind 4 Ankerpole $P_1 \ldots P_4$ an einem achteckigen Ankerjoch J^A (aus je 170 Stück aufgeschnittenen Blechfiguren von 0,5 mm Eisenstärke der besprochenen Art) kreuzseitig anzuordnen. Das Rotorblechbündel wird durch eine Wellenbüchse W mit zwei aus magnetisch passivem Material (Kanonenbronze) bestehenden Seitenflanschen F', F'' zusammengepaßt. Bei den Rotorpolen wird der Zusammenhalt durch Axialschrauben A_1^*, A_1^{**} usw. erreicht, welche zugleich die Fixierung der Seitenrahmen S_1', S_1'' usw. für die Seitenauflagerung der Hochspannungsphasen bezwecken. Während des Rotorlaufes sind die Polkerne samt Spulenausstattung den äußerst wirksamen Zentrifugalkräften ausgesetzt (bei 2000 Touren pro Pol ca. 6000 kg); diese werden größtenteils durch Fluß(Siemens-Martin)stahlbolzen $B_1 \ldots B_4$ aufgenommen, welche in den Polen Versenkköpfe und im Joch in Quernuten eingelassene Flachkeile $K_1 \ldots K_4$ als Muttern aufweisen. Zur weiteren Sicherung und besonders zur Verhütung jeglicher Seitenaufbiegung des Rotors sind durch (vermittels Vulkanfiber und Glimmer) isolierte Rinnenvertiefungen der Polseiten noch zwei Stahldrahtbandagen (aus je 13 Umläufen verlöteten, 2 mm-„Klaviersaitendraht") straff aufgezogen.

Die Hochspannungswicklungen (separat in den Fig. 31 und 32) sind auf „Amianit"-Rahmen in zwei Spulenabteilungen (mit 118 bzw. 182 Windungen baumwolleumklöppeltem Kupferdraht à 0,85 mm Durchmesser) hergestellt; sie besitzen drei Drahtanfänge, wovon zwei an der Spulenoberseite parallelgeschaltet sind und nach beiden Rotorstirnseiten (zum Anschluß an den Kommutator und das Schleifrad) durch Isoliertuben nach außen geführt werden, während an der Spulenunterseite bloß ein einziges, frei (nach der Kommutatorseite) abgehendes Drahtende vorhanden ist. Die Hochspannungswicklungen haben in jeder Beziehung den Anforderungen der Isolation (2500 Volt) zu genügen und sind auch ganz entsprechend zu montieren. Insbesondere wurden die Spulenauflager der Seitenstützen S_1', S_1'' sorgsamst aus Holz hergestellt und diese lediglich nach außen zur Verstärkung mit Metallkappen besetzt. Außerdem erwies sich als notwendig, die Hochspannungsspulen auch in den Quernuten zwischen den Phasenpolen vor mechanischer Deformation zu schützen. Die Hilfskonstruktion versahen Zentrifugalschutzrahmen (aus dreikantenen Hartbronzestäben), welche auf den Spulentrennwänden der Hochspannungswicklungen aufliegen und von den Seitenpolrahmen gehalten sind. Sie sind elektrisch zweifach zu sichern, einerseits vor innerem Kurzschluß (als Kurzschlußwindung) durch

ein isolierendes Rahmenschloß, andererseits vor äußerem Leitungs-
schluß (Kurzschlußkontakt) zwischen den Phasenwindungen der Hochspannungsspulen durch tüchtige Umwicklung mit Isolierbändern.

Nach den Zeichnungen und der Beschreibung ist die Konstruktion eines Hochspannungsankers mit ausgeprägten Phasenpolen
und Wicklungen, ungeachtet, ob der Konstruktionsbau einheitlich
gelingt, nicht ohne Schwierigkeit. Es bleibt zumindest Vorbehalt
einer Versuchsprobe, ob die Konstruktionsfestigkeit des im erregten

Maschinenkommutator.

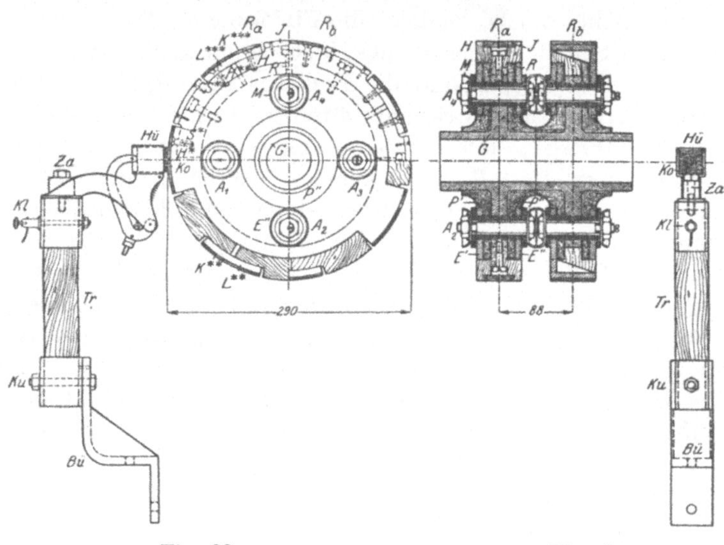

Fig. 33.   Fig. 34.

Stator rotierenden Ankers für die Unveränderlichkeit der Polluftspalte
hinreicht. Dies vorausgesetzt, wird nach statischer (bzw. dynamischer)
Ausbalancierung des Läufers exzentrischer „magnetischer Zug" aus-
bleiben, der Läufer vielmehr transversal schwingungsfrei sein.

Einen weiteren, sehr wichtigen Teil der Hochspannungs-Gleichstrommaschine bildet der Hochspannungs-Kommutator, bestehend aus
Lamellenkommutator und Ventilgleichrichter. Hierauf beziehen sich
die Fig. 33 bis 36 mit Auf- und Seitenrißbildern und teilweisen Schnittzeichnungen.

Der Maschinenkommutator (Fig. 33 und 34) richtet sich voran in
der Konstruktionsgröße nach der Betriebssicherheit bei der beab-
sichtigten Spannungshöhe der Maschine, ferner in der Lamellenbreite
nach der Kontaktzeit für die benötigte Stromkommutationszeit, und
in den Bürstenkontaktflächen nach der zulässigen Stromdichte durch

die Betriebsstromstärke. Die Konstruktion stellt zudem große Anforderungen an das „Rundlaufen" der Kommutatorgleitflächen, deren Leit- und Isolierlamellen durch Temperatur und Feuchtigkeit der umgebenden Luft sich nicht aus der Bearbeitung „verziehen" dürfen. Diese Eigenschaften vereint der anschließend beschriebene Kommutator auf sich.

Die beiden Kommutatorringe R_a, R_b sind von übereinstimmendem Bau, jedoch (um 90^0) verdrehter und gegenwendiger Betriebsstellung, so daß die Beschreibung eines Einzelringes ausreicht. — Ein Gußeisen-Drehkörper G (mit zylindrischer Wellenbüchse und kreisrunder Planscheibe) gibt den gut zentrischen Kern zum Auf-

Maschinengleichrichter.

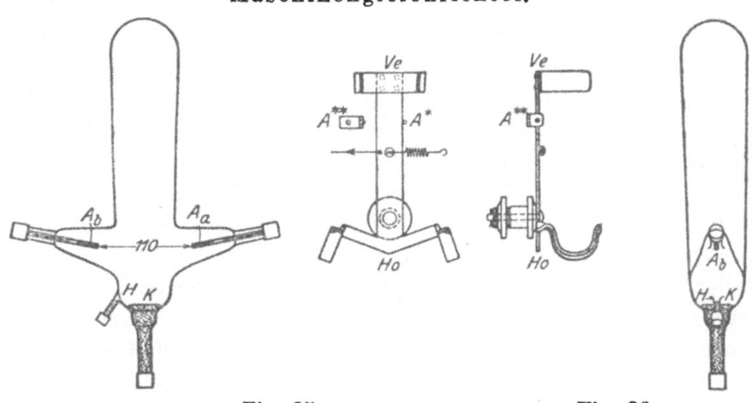

<table>
<tr><td align="center">Fig. 35.</td><td align="center">Fig. 36.</td></tr>
</table>

montieren sämtlicher Ringdetails. An diese fügen sich zwei Preßspanrundscheiben P', P'' (von 10 mm Stärke und mit ausgeweiteten Flanschfüßen) als isolierende Unterlagen für zwei „auf Spannung arbeitende" Schmiedeisenplatten E', E''. Von diesen besitzt jede drei unter (120^0) symmetrische Radiallappen L^*, L^{**}, L^{***} mit winkelrecht angeschweißten Zylindersegmenten zum Aufschrauben der Kupferkontaktlamellen K^*, K^{**}, K^{***}. — Der gegenseitige Halt sämtlicher Platten wird durch vier gleichabstehende, axiale Preßschrauben $A_1 .. A_4$ bewirkt, die gegen Hochspannung und Erde voll (d. h. durch Fiberrohre, Fiberflanschbüchsen und Mikaschalen) isoliert sind.

An jeder Ringperipherie greifen die Lamellenzinken von beiden Eisenstirnplatten sich gegenseitig in die Zwischenlücken, doch unter Wahrung von Lamellenabständen für die Isolierzwischenlagen. Die Isolierlamellen J (aus rotem Hartfiber) sind in Schwalbenschwanznuten von Holzpflöcken H eingebettet, welche an ihrer Innenperipherie dem Planscheibenrand der Gußkörper G aufgepaßt und je in Segmentmitte durch eine Radialschraube R befestigt sind. Jeder Holzfundamentblock hat zwei Seitenfortsätze S^*, S^{**}, welche unter zwei benachbarte Kontaktsegmente einpassen und durch Holzschrauben H^*, H^{**} zusammengespannt sind. Durch diese Befestigungsart wird der wirksame Kommutatorgürtel federnd an der Gußeisenkernscheibe gehalten und die Bürstengleitbahn bleibt hinreichend rund.

Die Schmiedeisenscheiben E' usw. sind im Betrieb die Äquipotentialschienen für die damit metallisch verbundenen Kontaktlamellen und dementsprechend auch die Phasenstromanschlüsse. Für beide Kommutatorringe zusammen hat es vier Seitenstirnscheiben (mit insgesamt $s = m \cdot n = 3 \cdot 4 = 12$ Lamellen), so daß vom Maschinenanker auch 4 Stromzuführungen erforderlich sind, wozu nun selbstverständlich die abisolierten Preßschrauben $A_1 .. A_4$ gebraucht werden. Der Kontakt zwischen den Schraubenbolzen von beiden Kommutatorringen wird durch elastisch, vermittels Spiralfedern, angedrückte Metallstifte erzielt.

Die besprochenen Figuren enthalten außerdem zwei Ansichten eines Kohlenhalters mit Halterstützen (NB. der Seitenriß ist aus demjenigen des Kommutators herausgeschoben). Die Konstruktion entspricht den Erfordernissen des Betriebs, sowohl durch den mechanischen Festigkeitswiderstand gegen Kommutatorvibrationen, als durch die elektrische Leitungsisolierung gegen Erdschlüsse. Der Kohlenklotz Ko (aus weicher Morganitekohle von 3 cm $\times$ 3 cm Kontaktfläche) ist im Kohlenhalter in der Schiebehülse $Hü$ unter Federdruck normal zur Kontaktbahn beweglich und um den Fixierzapfen Za auf der Halterstütze seitlich einstellbar. Die Halterstütze benützt als Isolierteil einen vertikal stehenden Holzträger Tr mit metallischen Endkappen, von denen die obere die Bürstenklemme Kl und die untere Ku den U-Schienenbügel $Bü$ festhält. Zur Maschine gehören 4 solche identische „Hochspannungsabnehmer", zu jedem Kommutatorring 2.

Der zweite Hauptbestandteil der Hochspannungs-Kommutiervorrichtung ist der Ventilgleichrichter, wofür hier ein kleiner Cooper Hewitt-Quecksilberdampf-Glasgleichrichter (Fig. 35 und 36) zur Verwendung gelangte, der vermöge seiner kurzen Lichtbogenstrecken noch bei der geringen Stromstärke von rund 2 Ampere betriebsfähig ist. Er ist aus Bleigas gefertigt und trägt vier Glasansätze für Elektrodeneinführungen und eine ausgedehnte Kondensationskammer. Die beiden Betriebsanoden A_a, A_b (aus 2,5 cm langen und 0,5 cm dicken Graphitrundstäbchen) münden aus zwei Glasröhrchen, welche die Drahtzuführungen von den Anschlußkappen vor Glimmansetzung schützend umschließen. Weiter findet sich eine kleine Hilfsanode H für die Anlaßzündung und eine langgestielte (und dementsprechend großflächig gekühlte) Kathode K (ca. 12 cm² Basisfläche) mit Quecksilber gefüllten Näpfen, in welche direkt die Platindrahtverbindungen der zugehörigen Elektrodenkappen eintauchen.

Dieselben Figuren enthalten (jedoch in separater Darstellung) noch die Placierungs- bzw. Kippvorrichtung für den Gleichrichter. Diese ist zusammengesetzt aus einem horizontalen Eisenarm Ho mit zwei Stützgabeln und einem vertikalen Eisenarm Ve mit einer Federspange, die sich nächst ihrem Drehzapfen treffen.

Gesamtansicht der Versuchsmaschine.

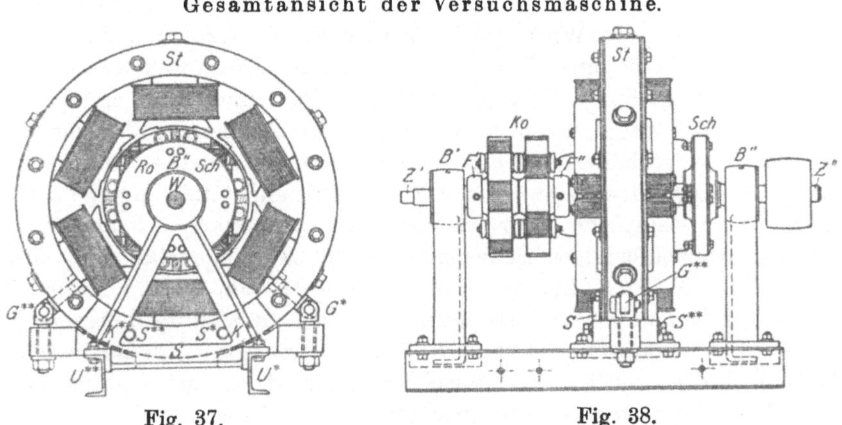

Fig. 37.

Fig. 38.

Die Bewegungsfreiheit des Gleichrichters erstreckt sich zwischen zwei Anschlägen A^*, A^{**}, wovon der erste für die arretierbare „Betriebsstellung" eine Trennung und der zweite für die gekippte „Zündstellung" eine Vereinigung der Quecksilberniveaus von Kathode und Hilfsanode zuläßt. — Letzten Endes bleibt der Erwähnung wert, daß für die Phasenstrom-Kommutierung des Gleichrichters Zusatzinduktivitäten (wie Drosselspulen usw.) entbehrlich sind, da die Ankerinduktivitäten diese gleichsam ersetzen.

Wenn die Maschinenkonstruktion durch das Bisherige so weit erläutert ist, daß die Arbeitsweise und die Versuchsresultate verständlich werden, so scheint es doch im Interesse einer unverkürzten Beschreibung geboten, nebst einer „Zusammenstellung der Maschine" noch einige Worte über das Zubehör der Stator- und Rotorlagerung mitfolgen zu lassen. Die Fig. 37 und 38 zeigen die Maschine schematisch in einem Meridian- und Seitenriß.

Die Befestigungsbasis der Maschinenbestandteile wird durch zwei (10 cm) U-Eisenschienen gebildet, die zur Aufkeilung auf einen großen

Steinsockel bestimmt sind. Der Stator lagert sich auf die, quer zwischen die U-Schienen gesperrte, „Statorstützplatte" S. Diese besitzt zweierlei Justierungsvorrichtungen, — nämlich für die Statorzentrierung peripherisch verschiebbare Wölbkeile K^*, K^{**}, auf denen der Stator durch Gelenkbolzen G^*, G^{**} straffen Anzug hat, ferner für dessen Lotrechtstellung Stellschrauben S^*, S^{**} usw. in den beiden Plattentraversen.

Der Rotor umfaßt die Gesamtheit der auf der Maschinenwelle befindlichen Maschinenteile — Hochspannungsanker Ro, Doppelringkommutator Ko und Schleifrad Sch[1]). Hiervon sind Ro und Sch vermittels Nutenkeilen drehfest auf der Welle, während Ko vermittels Stellfuttern F', F'' (mit je vier im Winkelkreuz geordneten Stiftschrauben) in jede Winkelposition eingerückt werden kann. Die Maschinenwelle W (aus Flußstahl von 5 cm Kerndurchmesser und 100 cm Gesamtlänge) verjüngt sich für die Lager und endigt in zwei über die Lager nach außen ragenden Zapfen Z', Z'' (für die Antriebsriemenscheibe und eine Joubertsche Meßscheibe). Als Lager schienen Kugellagerringe (von 69 cm Abstand), die kunstgerecht, d. h. unter sämtlichen Vorkehrungen für selbsttätige Schmierung auf die dreieckförmigen Schienenböcke B', B'' eingepaßt sind, der dadurch erzielbaren kurzen Baulänge wegen, am besten geeignet. Selbstredend finden auch die Bürstenstützen usw. ihre Befestigung an den U-Eisenträgern, so daß die Hochspannungsanschlüsse in einfachster Weise seitlich der Maschine, nach dem, auf isolierenden Sockel zu montierenden Gleichrichter weiterzuführen sind.

Nicht kritiklos ist indes der Frage zu begegnen, ob im Betrieb unerwünschterweise zwischen Stator und Rotor ein „Aufeinanderlaufen" eintreten könnte, umsomehr als gefühlsmäßig zu urteilen, der Maschinenwelle bei dem immerhin beträchtlichen Lagerabstand keine gerade respektable Stärke zugemutet wurde. Eine Schätzung nach der Festigkeitsrechnung zeigt jedoch, daß bei den Tourenzahlen des Normalbetriebs die Wellendurchbiegungen bzw. Amplituden von resonanzfreien Wellenquerschwingungen des Rotorgewichts vermöge „magnetischen Zuges" nicht an die Größe des Maschinenluftspaltes heranreichen. Gegenseitige Berührung von Rotor und Stator ist deshalb nur denkbar als Folge der elastischen Nachgiebigkeit des jedenfalls nicht ganz starren Lager- und Fundamentgerüstes. Die Aufklärung der Frage bleibt deshalb der einzig sichern Entscheidung durch die Prüfversuche anheimgestellt.

---

[1]) Dieses Schleifrad ist lediglich Zubehör, um bei Einimpulskommutierung den diesfalls bestehenden Phasenverkettungspunkt von einer Maschinenbürste zugänglich zu machen, bei Zweiimpulskommutierung (der positiven und negativen Halbwellen) läuft es leer mit.

An den bisherigen Betrachtungen über die Maschinenkonstruktion haftet die Beschränkung an ein bestimmtes Spezialobjekt, so zwar, daß gegebenenfalls aus dem Eruierten für den Entwurf von andern Maschinen (beispielsweise mit anderer Erregerpolpaar- und Ankerphasenzahl, Kommutatorring- und Gleichrichterventilzahl) sichere Hinweise zu gewinnen sind. Dies involviert auch, wenn nachgerade von den Maschinen mit konzentrischen Hochspannungsphasen zu denjenigen mit verteilten Hochspannungsphasen übergegangen wird, da hierbei lediglich der Anker entsprechend seiner nach bekannten Regeln einzurichtenden Nutenbewicklung ändert. Gleichwohl bleiben die Ansichten über das „Konstruktionsdetail" auch so noch teilweise Bedürfnis und Liebhaberei des Konstrukteurs, und es können die anschließenden Überlegungen nicht umhin dazu beizutragen, wenigstens durch die „Dimensionierungsformeln der Maschinenhauptmasse" die Willkür nach der Disponierung im großen und ganzen möglichst zu beseitigen.

Unter sämtlichen Maschinen, die für einen bestimmten Maschinenbetrieb mit den Daten[1]):

$\mathfrak{E} = $ Volle Phasen-EMK	$\mathfrak{J} = $ voller Phasenstrom
$\mathfrak{D} = $ Stufendifferenz-EMK	$T = $ Stromkommutationsdauer
$n = $ Ankerphasenzahl	$u = $ Rotortourenzahl
$P^A = $ Ankerstromwärme	$P^E = $ Erregerstromwärme,

sei es mit verteilten oder konzentrischen Hochspannungsphasen[2]), konstruierbar sind, entspricht das „wirtschaftliche Optimum" der Maschine vom „geringsten Herstellungspreis". Man gelangt dazu, indem man die „Preisgewichte" der Konstruktionsmaterialen (Magneteisen und Wicklungsmetall) nach sämtlichen Betriebsgleichungen durch die im Tableau gegebenen Betriebskonstanten ausdrückt und dann auf ihre Minimalsumme variiert.

Das Spannungsinduktionsgesetz Gl. 17, S. 14 lautet gemäß dem Stufenbetrieb (mit den zulässigen Feldbeanspruchungen $\mathfrak{H}_\xi$ und $\mathfrak{H}_\eta$)

$$\frac{\mathfrak{E}}{2\,\omega\,\mathfrak{H}_\xi} = \mathfrak{r}\,t\,z^A = \frac{\mathfrak{J}}{2\,\omega\,\mathfrak{H}_\eta} \quad \ldots \ldots \ldots \ldots \quad 15$$

---

[1]) Phasen-EMK $\mathfrak{E}$ und Phasenstrom $\mathfrak{J}$ sind vermittels des Seriefaktors s und Parallelfaktors p der Maschinenschaltung nach den Gl. 5 und 6, S. 27, bestimmt durch:

$$\mathfrak{E} = \frac{E + \varepsilon}{s}; \quad \mathfrak{J} = \frac{\dot{I}}{p}$$

aus den als ungewellt betrachteten Gleichspannung E und Gleichstrom $\dot{I}$.

[2]) Die Maschinen mit „verteilten" und „konzentrischen" Hochspannungsphasen sind als Gegenüberstellung und im folgenden ohne jeden Vergleich als Gattungen verschiedener Art zu betrachten, wenn auch die Rechnungsführung — bis auf gewisse Konstanten, wie beispielsweise des „Kommutationsfaktors" — durchaus übereinstimmend ist.

und liefert vermittels des in praktischen Maßeinheiten zu wertenden **Induktionsfaktors**

$$\bar{i} = \sqrt{\frac{\mathfrak{H}_\xi \cdot \mathfrak{H}_\eta}{\mathfrak{E} \cdot \mathfrak{F}}} \cdot 10^{-8} \quad \ldots \ldots \ldots \quad 16$$

nachstehende Formel zwischen Konstruktions- und Betriebsgrößen:

$$\mathfrak{r}\,\mathfrak{t}\,z^A = \frac{1}{2\,\omega\,\bar{i}} \quad \ldots \ldots \ldots \ldots \quad 17$$

Die Stromkommutationsformeln 32, S. 33 bzw. 39, S. 35 schreiben sich nach einfach vorzunehmenden Umformungen wie folgt an[1]):

$$\mathfrak{r}\,\mathfrak{t}\,z^{A\,2}\left(\frac{1}{\mathfrak{l}_\xi} - \frac{1}{\mathfrak{l}_\eta}\right) = \frac{m\,\mathfrak{D}}{4\,\pi\,\omega\,w\,\mathfrak{J}} \cdot \lg\left(\frac{1}{1 - \dfrac{\mathfrak{D}}{\mathfrak{E}}\dfrac{\omega}{\beta}T}\right) 10^{+9} = k' \quad \ldots \quad 18$$

$$\mathfrak{r}\,\mathfrak{t}\,z^{A\,2}\left(\frac{1}{\mathfrak{l}_\xi} + \frac{1}{\mathfrak{l}_\eta}\right) = \frac{r\,T}{4\,\pi\,\beta} \cdot \frac{1}{\lg\left(\dfrac{\mathfrak{D} + \mathfrak{J}\,r}{\mathfrak{D} - \mathfrak{J}\,r}\right)} 10^{+9} = k'' \quad \ldots \quad 19$$

und bedingen, da zum Zwecke einheitlicher Definition als

Kommutationsfaktor für verteilte Hochspannungsphasen:

$$k = \sqrt{\frac{2\,\mathfrak{E} - \mathfrak{D}}{\mathfrak{D}}} \cdot k'$$

Kommutationsfaktor für konzentr. Hochspannungsphasen:

$$k = \sqrt{\frac{\mathfrak{D}}{2\,\mathfrak{E} - \mathfrak{D}}} \cdot k''$$

---

[1]) An der Kommutationsformel 32, S. 33 läßt sich leicht folgende Umformung erzielen:

$$\lg\left(1 - \frac{b}{c}\,T\right) = \frac{b}{b - r}\,\lg\left(\frac{\mathfrak{D} + \overline{r - b\cdot\mathfrak{J}}}{\mathfrak{D} - \overline{r - b\cdot\mathfrak{J}}}\right).$$

Der Lograrithmus rechts kann nach Potenzen von $\overline{r - b\cdot\mathfrak{J}}/\mathfrak{D}$ in eine äußerst rasch konvergierende Reihe entwickelt werden, welche hinlänglich nach dem Linearglied abgebrochen werden darf, es bleibt dann:

$$b = -\frac{1}{2}\frac{\mathfrak{D}}{\mathfrak{J}}\,\lg\left(1 - \frac{b}{c}\,T\right).$$

Hierin sind zum Beweise für Gl. 18 b und c nach Fußnote[1]), S. 32 zu substituieren, wobei zu berücksichtigen ist, daß

$$\frac{b}{c} = \frac{\omega}{\beta}\left(1 - \frac{\mathfrak{l}_\xi}{\mathfrak{l}_\eta}\right) = \frac{\mathfrak{D}}{\mathfrak{E}} \cdot \frac{\omega}{\beta}$$

als Verhältnisgröße von den Dimensionsvariationen unbeeinflußt ist.

einzuführen ist, folgende Formel mit getrennten Konstruktions- und Betriebsabhängigkeiten:

$$\mathfrak{r}\,\mathfrak{t}\,z^{A\,2}\sqrt{\frac{1}{\mathfrak{l}_\xi^2}-\frac{1}{\mathfrak{l}_\eta^2}}=k \quad\dots\dots\dots 20$$

Bezeichnet man noch die Differenz der reziprok-quadratischen Luftspalte tunlichst mit:

$$\frac{1}{\bar{\mathfrak{l}}^2}=\frac{1}{\mathfrak{l}_\xi^2}-\frac{1}{\mathfrak{l}_\eta^2}, \quad\dots\dots\dots\dots 21$$

so findet man leicht aus dem Vergleich der Gl. 17 und 20 die adäquate Doppelrelation:

$$\frac{z^{A\,2}}{\bar{\mathfrak{l}}^2}=4\,\omega^2\,\bar{i}^2\,k^2=\frac{k}{\mathfrak{l}\,\mathfrak{r}\,\mathfrak{t}}, \quad\dots\dots\dots\dots 22$$

wonach die magnetische Luftspaltsenergie sich unter allen Maschinen invariant verhält.

Die **Feldmagnetisierungsgleichung** 18, S. 14 hat für beide Erregerstufen die symmetrische Form:

$$\mathfrak{H}_\xi\,\mathfrak{l}_\xi=4\,\pi\,a^E=\mathfrak{H}_\eta\,\mathfrak{l}_\eta, \quad\dots\dots\dots\dots 23$$

welche sich auf den folgenden Mittelwert bringen läßt:

$$4\,\pi\,i^E z^E=(\mathfrak{H}_\xi\,\mathfrak{H}_\eta\,\mathfrak{l}_\xi\,\mathfrak{l}_\eta)^{\frac{1}{2}}$$

und nach Elimination von $\mathfrak{l}_\xi\mathfrak{l}_\eta$ (bzw. Ersetzung durch $\bar{\mathfrak{l}}$ bei nachträglicher Wegschaffung nach Gl. 22):

$$i^E z^E=\frac{5\sqrt{\mathfrak{H}_\xi^2-\mathfrak{H}_\eta^2}}{8\,\pi\,k\,\bar{i}^2\,\omega^2}:\mathfrak{r}\mathfrak{t} \quad\dots\dots\dots\dots 24$$

Weiter entsprechen den **Kupferverlusten** von Anker und Erregung die **Jouleschen Gleichungen**:

$$P^A=w\,\mathfrak{J}^2\,r;\quad P^E=i^{E2}\,r^E,$$

die nebst den Drahtmaterialkonstanten ($\varrho=$ spez. Leitwiderstand, $\gamma=$ spez. Kupfergewicht) invariant in die Gewichtsformeln

$$Q^A=n\,w\,\gamma\cdot\varrho\,\mathfrak{J}^2\,z^{A\,2}\,\mathfrak{l}^{A\,2}\,\big/\,P^A \quad\dots\dots\dots 25$$

$$Q^E=4\,m^2\,\gamma\,\varrho\,i^{E2}\,z^{E2}\,\mathfrak{l}^{E2}\,\big/\,P^E \quad\dots\dots\dots 26$$

eingehen. Hierin lassen sich $i^A z^A$ und $i^E z^E$ aus den Gl. 17 bzw. 24 und die „mittleren Windungslängen" $\mathfrak{l}^A$, $\mathfrak{l}^E$ gemäß den Ansätzen:

---

[1]) Neben den Luftinduktionen $\mathfrak{H}_\xi$, $\mathfrak{H}_\eta$ sind nach Gl. 22 nämlich auch die von diesen erfüllten Luftvolumina der „innern" und „äußern" Erregerpolstufen je in Summa variationskonstant.

$$\mathfrak{l}^A = a\mathfrak{r} + bt \quad \ldots \ldots \ldots \ldots \quad 27$$

$$\mathfrak{l}^E = c\mathfrak{r} + dt \quad \ldots \ldots \ldots \ldots \quad 28$$

einführen, in welchen $(a \ldots d)$ konstant gelten. Das Kupfergesamt-gewicht lautet deshalb mit kürzungsweise A, B benannten Koeffizienten:

$$Q_{Cu} = A\left(\frac{a}{t} + \frac{b}{\mathfrak{r}}\right)^2 + B\left(\frac{c}{t} + \frac{d}{\mathfrak{r}}\right)^2 . \quad \ldots \ldots \quad 29$$

Schließlich hat man sich für die Eisenverluste der Steinmetz-schen Formel oder des allgemeinern Raumintegrales:

$$P_{Fe} = \int\limits_{\tau} f(\mathfrak{B})d\tau$$

einer bekannten Ortsfunktion f der Eiseninduktion zu bedienen, so daß bei Ähnlichskeits-Transformierung der Eisenblechfiguren[1]):

$$Q_{Fe} = F \cdot P_{Fe} = G\mathfrak{r}^2 t . \quad \ldots \ldots \ldots \quad 30$$

sein muß. — Der Gesamtpreis der Maschine beläuft sich somit, wenn $\mathfrak{p}$ und $\mathfrak{q}$ die Preise für das bearbeitete Einheitsgewicht des Leitkupfers bzw. Magneteisens bedeuten, auf:

$$\mathfrak{P} = \mathfrak{p} \cdot Q_{Cu} + \mathfrak{q}Q_{Fe} \quad \ldots \ldots \ldots \ldots \quad 31$$

und ist nach den Formeln 29 und 30 eine Funktion von zwei unabhängigen Veränderlichen $\mathfrak{r}$, t. Der relativ geringste Her-stellungspreis wird erzielt für das Koordinatenpaar der beiden Minimalbedingungen[2]):

$$\frac{\partial \mathfrak{P}}{\partial r} = 0, \quad \frac{\partial \mathfrak{P}}{\partial t} = 0, \quad \ldots \ldots \ldots \quad 32$$

als den Restgleichungen des gestellten Dimensionierungsproblemes für n-Phasenmaschinen.

Das Hauptinteresse beanspruchen insonderheit die 4-Phasen-

---

[1]) Bei den Maschinenumänderungen sind sämtliche Dimensionierungs-winkel $(\alpha \ldots \varepsilon)$ fest, und es wird deshalb die Grundform der Blechschablonen, die jedenfalls den Feldverteilungsplan beibehalten müssen, durch ähnliche Formänderung zu transformieren sein. Der Faktor G ist dann definiert durch:

$$G = \frac{\mathfrak{F}^*}{\mathfrak{r}^{*2}} \cdot \gamma_{Fe},$$

wenn $\mathfrak{F}^*$ die Stirnfläche aller aktiven Blechschablonen (am Anker, den Erregerpolen und Jochen) und $\mathfrak{r}^*$ den Radius der entsprechenden Kreisquadra-tur (d. h. der in einen Kreis verwandelten Gesamtfläche), ferner γ_{Fe} das spezi-fische Eisengewicht bedeuten.

[2]) Die Ausdifferentiierung zeigt, daß bei den 4-Phasenmaschinen (Spezial-annahmen, Gl. 33) für das Minimum:

$$\frac{Q_{Cu}}{Q_{Fe}} = \frac{3}{2}\frac{\mathfrak{q}}{\mathfrak{p}},$$

was indes auch bei den n-Phasenmaschinen mit den nächst höhern Phasen-zahlen genähert gilt.

typen mit der vergleichsweise größten Betriebszonenbreite[1]); dort gilt

$$a = c \sim \pi \, / \, m^2); \quad b = d \sim 1. \qquad \ldots \ldots \ldots \; 33$$

Die Differentialoperationen, Gl. 32, daraufhin vollführt, liefern als Wurzeln des Extremums die fünffachen Potenzen:

$$\mathfrak{r}^5 = \frac{3}{4} \cdot \frac{\mathfrak{p}}{\mathfrak{q}} \cdot \frac{C}{G} \cdot \frac{b^3}{a} \qquad \ldots \ldots \ldots \; 34$$

$$\mathfrak{t}^5 = 24 \cdot \frac{\mathfrak{p}}{\mathfrak{q}} \cdot \frac{C}{G} \cdot \frac{a^4}{b^2}, \qquad \ldots \ldots \ldots \; 35$$

in welchen gemäß dem Rechnungsgang die Konstante C aus den Betriebsgrößen (S. 51), dem Induktionsfaktor (Gl. 16) und dem Kommutationsfaktor (Gl. 18 bzw. 19) durch die Kombination:

$$C = \frac{\gamma \varrho}{i^2 \omega^2} \left[w \, \frac{n \mathfrak{J}^2}{4 \, P^A} + \left(\frac{5}{4} \, \frac{m}{\pi} \right)^2 \cdot \frac{\mathfrak{E}^2 - \mathfrak{F}^2}{k^2 \, \omega^2 \, P^E} \cdot 10^{+16} \right] = A + B \; . \; . \; 36$$

bestimmt ist. — Weitern Einblick in die Konstruktion gewähren die hierbei folgenden Zusatzformeln. Zunächst ist:

$$\frac{\mathfrak{t}}{\mathfrak{r}} = 2 \, \frac{a}{b} \qquad \ldots \ldots \ldots \ldots \; 37$$

gewissermaßen eine Faustregel für die Verhältnisziffer der Grunddimensionen, welche mittelbar durch:

$$z^A = \frac{1}{2 \, i \, \omega \mathfrak{r} \mathfrak{t}}, \qquad \ldots \ldots \ldots \; 38$$

eine relative Abschätzung für die Phasenwindungszahl gutheißt und entsprechend dem Amperewindungsquotienten durch:

$$\frac{i^E z^E}{z^A} = \frac{10}{4 \, \pi} \frac{\sqrt{\mathfrak{H}_\xi^2 - \mathfrak{H}_\eta^2}}{2 \, i \, k \, \omega} \qquad \ldots \ldots \ldots \; 39$$

die Proportionalabhängigkeit der Erregerwindungszahl für die Feldspulenberechnung gebrauchbar macht. Das Maßverhältnis für den Maschinenluftspalt versieht schließlich die Formel:

---

[1]) Vgl. die Besprechung am Ende des Abschnittes von S. 22, wo darauf hingewiesen wird, daß im 4-phasigen Doppelkommutierbetrieb die Betriebszonenbreite für die Wechselperiode maximal und die Kupferverluste pro Ankergewicht minimal sind.

[2]) Bei den 4-Phasenmaschinen (NB. mit verteilten oder konzentrischen Hochspannungsphasen) ist die peripherische Ankerspulenbreite ε gleich der Erregerpolbreite 2β; es ist deshalb in erster Annäherung, was sich übrigens bei praktischen Maschinen mit reichlich bewickelten Anker- und Feldspulen bewahrheitet, — statthaft, beiderorts die mittlere Windungslänge gleich dem Erregerpolumfang zu setzen.

$$\bar{\mathfrak{l}} = \frac{1}{2\,i\,k\,\omega}\,z^A, \quad\ldots\ldots\ldots\ldots 40$$

nach welcher sich die ideellen Feldstufen'-Luftspalte gemäß
den nachfolgenden Reduktionswurzeln verändert anschreiben:

$$\frac{\mathfrak{l}_\xi}{\bar{\mathfrak{l}}} = \sqrt{1 - \left(\frac{\mathfrak{F}}{\mathfrak{E}}\right)^2}; \quad \frac{\mathfrak{l}_\eta}{\bar{\mathfrak{l}}} = \sqrt{\left(\frac{\mathfrak{E}}{\mathfrak{F}}\right)^2 - 1} \quad\ldots\ldots 41$$

Für die praktische Maschine haben sämtliche Überlegungen nur
Sinn, wenn statt den „ideellen (d. h. nach der Theorie berechneten)
Luftspalten" die proportional einem Korrektionsfaktor c[1]) verkürzten
„wirklichen Luftspalte":

$$\lambda_\xi = c l_\xi; \quad \lambda_\eta = c l_\eta \ldots\ldots\ldots\ldots 42$$

sich für die Konstruktionsausführung verstehen.

Durch die bisher unternommenen Dimensionierungsbetrachtungen
ist bereits auch die Normalisierung der Hochspannungs-
Gleichstrommaschinen in den Grundzügen erledigt, — gleichviel,
ob eine Maschine vom geringsten Herstellungspreis oder vom ge-
ringsten Gesamtgewicht (Spezialannahme $\mathfrak{p} = 1$, $\mathfrak{q} = 1$) erwünscht
ist. Die ganze dimensionierungs-theoretische Untersuchung hat
offensichtlich einen relativ-konstruktiven Charakter, indem lediglich
durch qualitativ-formalistische Überlegungen für einen Maschinenbetrieb mit vorgegebenen Betriebsgrößen (S. 51) und spezifischen
Materialbeanspruchungen (ϱ, γ, γ_{Fe}, $\mathfrak{H}_\xi$, $\mathfrak{H}_\eta$) die unter den obwalten-
den Fabrikationsbedingungen (fühlbar in $\mathfrak{p}$, $\mathfrak{q}$) preiswürdigste Kon-
struktionsdisposition ausgeführt wird. Über die spezifischen Kon-
stanten hat, rein physikalisch gesprochen, in erster Linie die
Wärmeproduktion durch die Verlustleistung im Volumenelement
(Joulesche Stromwärme im Leitkupfer, Hysteresis- und Wirbel-
stromwärme im Magneteisen) zu entscheiden, und es besteht insofern indirekte Verknüpfung mit den wärmetechnischen Problemen
des Betriebs, welche eo ipso von der Diskussion bewußt ferngehalten
sind. Potentialtheoretische Wärmeleitungsfragen lassen sich kaum
je befriedigend in eine praktische Maschinenrechnung ziehen und
es muß deshalb um so mehr geschätzt werden, daß alle Resultate
der Dimensionierungstheorie von thermischen Konstanten frei sind
und doch bei zweckmäßig gewählten elektrischen und magnetischen
Leitungswiderständen den Vorgängen des Betriebs richtig entsprechen.

---

[1]) Der Korrektionsfaktor c berücksichtigt durch
$$c = 1 - aw/AW$$
die Teilamperewindungen aw, welche von den totalen Amperewindungen AW
auf die magnetischen Eisen- und Stoßfugenwiderstände verwendet werden.

Experimenteller Teil.

Wenn das Wirkungsprinzip der „Hochspannungs-Kommutierung"
durch die Maschinentheorie von Abschnitt I und die Modellkon-
struktion von Abschnitt II auch durchaus plausibel gemacht ist, so
nötigt dennoch, teils die Verantwortlichkeit für· die Erfindungsgrund-
lage, teils das Aufklärungsbedürfnis über die Entwicklungsmöglichkeit
zu einer Prüfung durch das Experiment. Das Ergebnis soll qualitativ und quantitativ viel bieten, so durch Beobachtung der Be-
triebsphänomene eine Bewertung über das Physikalisch-Technische
und durch Feststellung der Belastungsbereiche einen Einblick in das
Technisch-Wirtschaftliche.

Die speziellen Aufgaben über die Betriebseigenschaften der
Maschine lehnen sich unmittelbar an die als wichtig befundenen
Konstruktionseigenschaften. Erstens gilt es bei erhöhter Rotortouren-
zahl die zentrifugische Festigkeitsprobe und dynamische Ausbalancierung der Rotorwucht zu überprüfen. Zweitens ist, — was am
besten mittels Feldtopographie geschieht —, ein Verteilungsplan
des Luftspaltfeldes und nebenher auch der auffälligsten Streuflüsse
zu skizzieren. Die Induktionsverteilung des Eiseninnern ist jeder
Messung unzugänglich, doch lassen sich aus der Ummagnetisierungs-
zahl und der Oberflächentemperatur indirekt Schlüsse ziehen. Drittens
bleibt die elektrische Leerlaufs-, Belastungs- und Kurzschlußunter-
suchung der Aufnahme von Kurvendiagrammen und Instrumenten-
messungen vorbehalten.

Die Versuche mußten natürlich so eingerichtet werden, daß für
den Experimentator jede Gefahr ausblieb und technische Schwierigkeiten bei hinreichend garantierter Meßgenauigkeit nicht gar zu
unmäßig wurden. Einesteils war also, wo nur angängig, von ge-
schütztem Standort Ferneinstellung mit Distanzablesung angezeigt,
andererseits war Beschränkung von Tourenzahl und Maschinenspannung für die weitläufigeren Diagrammversuche das einzig
Richtige. Stärkere Maschinenbeanspruchungen waren indes wohl
ohne spezifizierte Kontrollmessungen leicht vorzunehmen und stehen

vermutlich mit den proportional umgerechneten Versuchsaufnahmen in gutem Einklang.

Die Versuchs - Modellmaschine wurde zur Untersuchung im Elektro-Techn. Institut der Eidgenössischen Technischen Hochschule in Zürich aufgestellt; der Antriebsmotor, die ganze Hilfsapparatur, ferner sämtliche Hilfsstromlieferungen wurden seitens des Institutsleiters Prof. K. Kuhlmann zur freien Benützung angeboten. Der Verfasser möchte nicht versäumen, hierfür an dieser Stelle angelegentlichst zu danken.

Die definitiven Versuchsketten, wie sie im Rahmen dieses Abschnittes aufgerundet beschrieben werden, sind als endgültige Resultate einer ganzen Reihe von Vorversuchen zu betrachten, welche an sich interessant und zu mancherlei kleinen Änderungen in der Maschinenkonstruktion Veranlassung gegeben haben, doch für die Veröffentlichung kaum Ersprießliches bieten und deshalb hier nicht abgehandelt werden sollen.

Tourenprobe: Diese konnte (in vollständig unerregtem Zustand der Maschine) mit einer Höchstumlaufszahl von 2300 Touren/Minute ausgeführt werden. Während des Rotierens wurde sehr genau auf etwaige Rotor- (Wellen-) Schwingungen und auf Luftgeräusche geachtet. Der Maschinenläufer blieb ohne nennenswerte statische Ausbalancierung (erprobt durch Pendelschwingungen auf Schienen) auch dynamisch erschütterungsfrei, was besonders an den exakt rundlaufenden Kommutatorflächen zu erkennen war. Die „kritische Tourenzahl" trat ein bei ungefähr 1800 Touren/Minute mit ziemlich unangenehmem Erdröhnen des ganzen Maschinenfundamentes (Zementsockel). — Die großen Wicklungsnuten des 4 poligen Ankers riefen an den Nutenabsätzen des 6 poligen Stators als normal zu bezeichnende mehr einem Surren ähnliche Luftschwingungen hervor.

Im Stillstand war es dann möglich, die bleibenden Rotordeformationen festzustellen. Sichtbar waren verschiedenerorts geringfügige Blechpaketsverschiebungen, von welchen aber keinerlei Störungen zu befürchten waren.

Feldtopographie: Das Magnetfeld im Maschinenluftspalt besitzt ein Verteilungsbild, das über die Zeitvariationen der induzierten Phasenflüsse Aufschluß gibt. Die Partialstreuungen infolge teilverketteter Phasenflüsse haben allerdings schwache Diskrepanzen zur Folge. Wenn hier sonderlich Wert auf einen verläßlichen Feldplan gelegt wird, so geschieht dies zur Bereicherung der Kenntnisse über die Luftspaltkonstruktion. Sollen die Stufen - EMKe forderungsgemäß auch praktisch nahezu Idealverlauf haben, so sind wegen den Streuflüssen Luftspaltskorrektionen nötig, über welche dann die zu den Feldkurven stimmenden Spannungskurven ein Kriterium abgeben.

Zur Feldmessung wurde eine magneto-statische Methode gewählt, d. h. die für ein kleineres magnetisches Bereich Mittelwertmessung liefernde Brückenmethode mit Wismutspirale. Bekanntlich verändert sich bei diesem dimagnetischen Hartmetall der elektrische Leitungswiderstand in sondierten Feldern entsprechend der lokalen Magnetisierungsstärke. Die Widerstandsgröße kann als Relativmaß leicht in einer Wheatstonschen Kompensationsbrücke abgeglichen werden. Diese enthielt für den Versuch links einen Normal-Vergleichs-Rheostat von 20 Ω und rechts eine Meßspirale nach Hartmann und Braun (mit 32 Spiralgängen in einer Mittelungsfläche von 2,2 cm Kreisdurchmesser).

Bei der Topographierung war die Maschine ständig mit 9,0 Ampere einreguliertem Gleichstrom erregt und die Aufnahmen wurden gewissermaßen in stationärem Erwärmungszustand erledigt. Die Feldpläne richten sich nach dem aus Fig. 39 (Seitenansicht und Vertikalmeridianschnitt der Maschine) ersichtlichen Koordinatenschema mit den auf drei Meridiankreisen (Mittelmeridianabständen t = 0, 4, 8 cm) graduierten Meßpunkten.

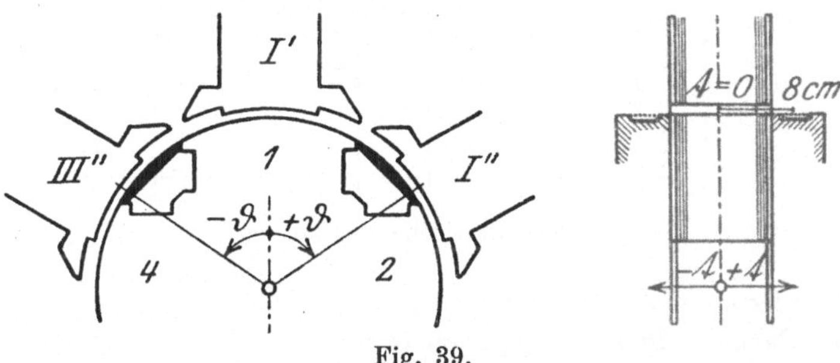

Fig. 39.

Zur Darstellung der Feldverteilungslinien ist der Maschinenluftspalt gleichsam aufgerollt gedacht. Die „Abwicklung des Ankerfeldes" bezieht sich auf die fixierte, symmetrische Relativstellung des Stators und Rotors; sie ist empirisch durchgeführt für die Kurvenzüge von Fig. 40 des oben und hinten liegenden Maschinenquadranten. In die Augen springend ist die mit den Annahmen der Maschinenrechnung auf S. 39 des „Konstruktiven Teiles" befriedigende Übereinstimmung der mittleren Stufenwerte (ca. 7100 und 5500 CGS). Die Stufenterrassen sind aber nicht von ganz konstantem Feld, ferner ihre Übergänge und Absätze nicht wie nach der Theorie vollständig scharf, sondern mehr allmählich übergehend.

Des weitern ist eine Streuflußuntersuchung erforderlich. Man kann die Maschinenstirnstreuungen, da ihnen wegen den großen Luftwegen keine wesentliche Bedeutung beizumessen ist, ferner die Nutenstreuungen, denen durch direkte Messungen nicht beizukommen ist, unberücksichtigt lassen und sich mit einer Abschätzung der Erregerpol-Spitzenstreuung allein abfinden. Dort treten jedenfalls, nach der unmittelbaren Anschauung zu urteilen, auch recht beträchtliche Felder auf, die sich gut nach der oben auseinandergesetzten Widerstandskompensiermethode mit Wismutspirale bestimmen lassen.

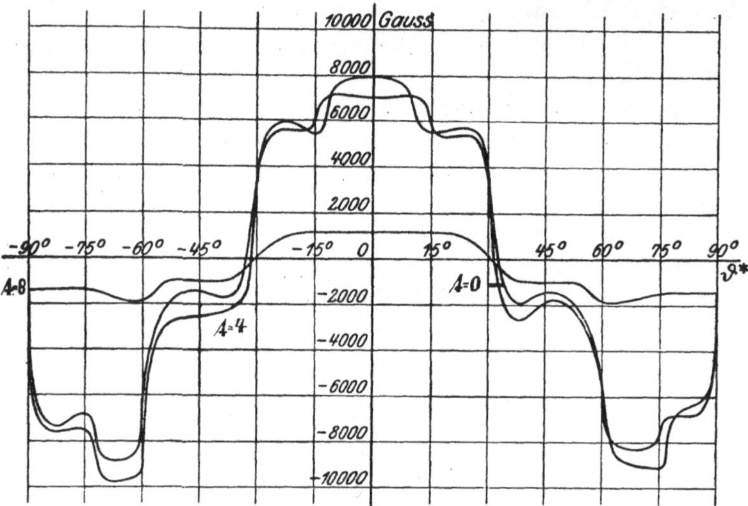

Fig. 40. Statische Feldkurven.

Es sei hier lediglich die durchschnittliche Kantenfeldstärke $= 4300$ CGS und der darnach folgende Spitzenstreufluß $= 51\,700$ CGS (von ungefähr $4{,}0\,{}^0/_0$ eines vollen Erregerpolflusses) angegeben.

Zusammenfassend kann man sagen, daß die örtliche Feldverteilung dem Hochspannungskommutierbetrieb, wenn nicht vollständig ideal, so doch regelrecht entsprechen wird. Das Verhalten betreffs Streuung muß natürlich zu ständiger Besserung anregen, kann aber in Anbetracht, daß es sich hierbei lediglich um die Überprüfung einer mehr oder weniger ungünstig disponierten Versuchsmaschine handelt, kaum zu Bedenklichkeiten veranlassen.

Elektrische Untersuchung: Diese gliedert sich in die Leerlaufs- und Belastungsdiagrammaufnahmen. Sie war mir dank der wirksamen Mithilfe der beiden Elektrotechnik Studierenden H. Naeff und G. Schläpfer in erwünschtem Umfange möglich.

Mit dem Leerlauf Hand in Hand vollzog sich die Isolations-(elektrische Festigkeits-) Prüfung, bei welcher die Maschine mit 15 Ampere, d. h. übererregt und mit ca. 1800 Touren/Minute auf sehr raschen Antrieb gebracht war. Die Ankerphasen (1 und 3 einerseits, 2 und 4 andererseits) waren absichtlich je in Reihe geschaltet, so daß die induzierten Spannungen sich summierten. Diese „Überspannungsprobe" hat ergeben, daß die Maschine sich bei ungefähr 3000 Volt effektiver Gegenphasen-Verkettungsspannung kürzere Zeit und bei Normalbeanspruchung im „Dauerbetrieb" (d. h. 6-facher Prüfsicherheit) isoliersicher zu halten vermag.

Die eigentlichen Leerlaufs- und Belastungsversuche gingen darauf aus, alle periodischen Spannungs- und Stromverläufe (und implizite natürlich auch die Spulenflüsse), welche zur eindeutigen Beschreibung der Betriebsvorgänge ausreichen, durch Kurvenprotokolle festzuhalten. Als Momentanspannungsmethode wurde diejenige nach Joubert mit mechanischer Kontaktgebung und ballistischer Kondensatorentladung, ihrer vielgerühmten Genauigkeit wegen für passend befunden; sie hat sich denn auch für sämtliche Meßpunkte restlos bewährt.

Die Maschinenhauptschaltungen (des Hochspannungsteiles) waren je nach den zu ermittelnden Kurven individuell zu arrangieren. Im Leerlauf haben neben den Erregerspannungs- und Erregerstrom-Pendulationen (die vollständigkeitshalber auch aufgenommen sind) nur die Phasen-EMKe der Phasenpolwicklungen besonderes Interesse, da sie in differential-zeitlich bestimmter Abhängigkeit zu den auch bei Belastung nur wenig veränderten Phasenpolflüssen stehen. Diese wurden je separat für die einzelnen Spulen nacheinander nach demselben Verfahren auspunktiert. Selbstverständlich sind dafür zwei Maschinenschleifräder notwendig, über welche die beiden Wicklungsenden der Phasen (z. B. 1, 1′) nach Maschinenbürsten erreichbar sind. Da die Maschine deren jedoch nur eines aufweist, mußte ein zweites improvisiert werden, indem (s. Fig. 41) beim Kommutator durch Parallelschaltung der 4 Anschlüsse $A_1 \ldots A_4$ vermittels eines Äquipotentialringes R sämtliche Lamellen für die gekoppelten Bürstenpaare B_a^*, B_b^* (bzw. B_a^{**}, B_b^{**}) zu einer ununterbrochenen Kontaktbahn vereinigt wurden. Für Belastung wurde für jede Kurve (ob Spannung oder Strom

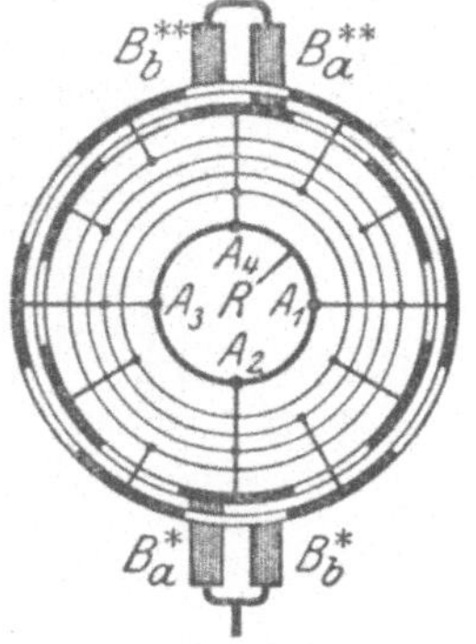

Fig. 41.

bedeutend) am Rotor ein und dieselbe Zweiimpulsschaltung mit parallel arbeitenden Gegenphasen benützt. Das Maschinenschleifrad ist dabei allerhöchstens Meßkontakt und wird für die Betriebsstromentnahme nicht gebraucht. Die inversen Ankerphasen sind (vgl.

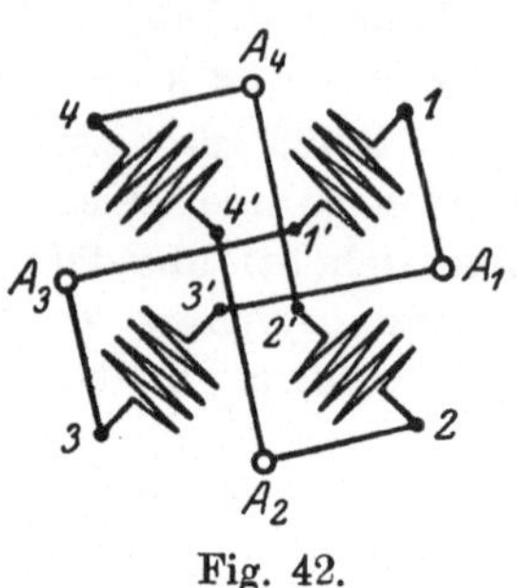

Fig. 42.

Fig. 42) mit Spannungsgleichheit (d. h. vertauschten Enden) zu Phaseneinheiten I*, I**; II*, II** zusammengeschlossen, bei welchen die Einzelzweige ungefähr gleiche Stromlieferung übernehmen. Die verknoteten Phasenpunkte sind dann in einer regulär-zyklischen Folge mit den in diesem Falle getrennt bleibenden Kommutatoranschlußpunkten $A_1 .. A_4$ in Verbindung. Im übrigen sind von den vier Bürsten des Kommutators (ganz entsprechend Fig. 21) zwei für die Anodenleitungen unverbunden und zwei für den einen Gleichstromnetzpol zusammengedrahtet.

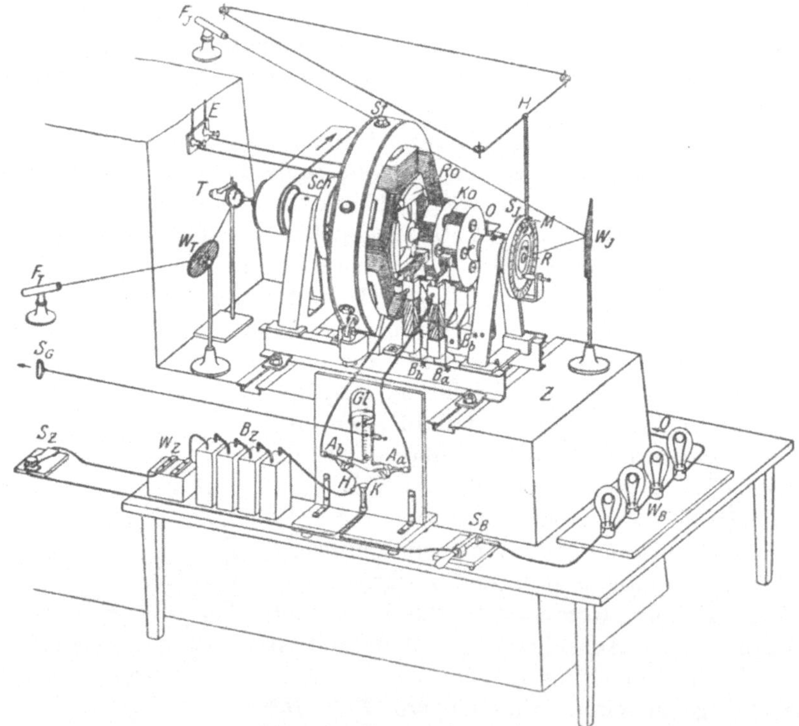

Fig. 43. Versuchskabinett.

Wenn somit die Ankerbetriebsschaltungen durch die Diskussion erledigt sind, so gilt die weitere Betrachtung unentwegt den Meßeinrichtungen, -Anordnung und -Schaltungen.

In Fig. 43 ist das ganze Versuchskabinett mit der bei den Versuchen waltenden Übersicht perspektiv wiedergegeben. Der Hochspannungs-Gleichstromgenerator (mit Stator St, Rotor Ro, Kommutator Ko, Schleifrad Sch usw.) steht zwecks Antrieb durch einen gewöhnlichen Gleichstrommotor (von 9 PS normal) fest auf dem Zementsockel Z montiert, der sich links an einen massiven Säulenquader anlehnt. Dieser trägt die Leitungszuführung E für die 100-voltige Gleichstromerregung der 6 seriegeschalteten Statorspulen. Die Hochspannungsentnahme der Rotorwicklungen (NB. mit der Leerlaufs- bzw. Belastungsschaltung nach den Fig. 41 und 42) erfolgt für die äußern Phasenpunkte über die vier Hauptbürsten $B_a{}^*$, $B_b{}^*$, $B_a{}^{**}$, $B_b{}^{**}$. Die Zeichnung zeigt ferner das Belastungsutensil, nämlich einen Gleichrichter Gl mit zwei Anoden A_a, A_b samt Bürstenstromleitungen (enthalten für die Anodenstrommessungen bifilar aufgespannte Konstantandrahtwiderstände), ferner den Anlaßkreis und den Hochspannungsnutzkreis. Der Zündstrom ist zwischen der Gleichrichterhilfsanode H und der Kathode K dem Maschinenbelastungsstrom parallel verlaufend und von übereinstimmender Spannung. Gegenseitige Beeinflussung der Maschinen- und Zündkreisspannungen ist demnach auszuschließen durch Verwendung separater Zündbatterie B_z (4 bis 8 Bleiakkumulatorzellen in Reihe), welche ihr Spannungspotential freispielend anpaßt. Die Fernbedienung des Anlaßvorganges gestaltet sich höchst einfach, indem sowohl Zündkreisschaltung, Zündstromeinstellung als Gleichrichterkippung durch Fernschalter S_z, Fernregler W_z und Ziehschnur S_G zu betätigen sind. Der Hochspannungsgleichstrom passiert zwischen der Gleichrichterkathode und den verketteten Kommutatorbürsten den Belastungswiderstand W_B der zur Vermeidung von periodischen Schwankungen bei allfällig gewelltem Gleichstrom aus grobfädigen Kohlen-Glühlampen (von 222 Ω Warmwiderstand) zusammengestellt ist.

Die Joubert-Scheibe S_J, welche als „Momentanschalter" für alle elektrischen Messungen die wichtigste Rolle inne hat, ist überall für die volle Betriebsspannung isoliert, so an der rotierenden Scheibe R der Kontaktzahn gegen die Maschinenwelle und am Meßring M die Einstellfeder gegen das Maschinengehäuse. Zur Kontakteinstellung dient ein Hebel H mit endloser und im Dreieck über Rollen laufender Schnur, die vom Standort eines im Fernrohr F_J über Winkelspiegel W_J ablesenden Beobachters verschoben wird. Dasselbe Mittel wurde für den am andern Wellenende eingehakten Tourenzähler (Tachometer T) benutzt. — Wenn hierdurch die Möglichkeit geschaffen war, die Maschine von schleudersicheren Plätzen (beispielsweise aus dem Hinterhalt der Vertikalsäule) zu untersuchen und auch Berührungsgefahr mit der Hochspannung an der Joubert-scheibe außer Betracht fiel, so blieb letzten Endes nur noch die spannungssichere Aufstellung des ballistischen Galvanometers, der Kondensatoren und des Meßkreistasters (als geläufiges und selbstverständliches Arrangement in der Zeichnung weggelassen).

Die ganze Meßeinrichtung ist darauf berechnet, jedwede Diagrammkurve einzeln bei gleicher Maschineneinregulierung (Tourenzahl, Erregerstrom) aufzunehmen. Die Meßenden des Joubertkreises sind jeweils an diejenigen Maschinenpunkte zu legen, zwischen welchen die Spannung bestimmt werden soll. Strommessungen erscheinen wie gewohnt als Spannungsmessungen an den Endpunkten von bekannten Widerständen, so für die Phasen- bzw. Anodenströme an den Ohmschen Anodenvorschalten und für den Gleichstrom direkt am Nutzwiderstand.

Sämtlichen Betriebsversuchen ist die Betriebstourenzahl $u = 700$ Touren/Minute und Erregerstromstärke $i^E = 9,0$ Ampere zugrunde gelegt. Die Betriebspunkte sind stets zweimal abgelesen, ihr Durchschnittswert im Sinne der Multiplikativgesetze 13, 14, S. 41 proportional reduziert und für die Kurvenzeichnung zugelassen, wenn u, i^E weniger als $\pm 1\,^0/_0$ differierten. Die Verläßlichkeit der Diagramme bietet deshalb volle Gewähr.

Erregerspannung und Erregerstrom e^E, i^E (für die Fig. 44 u. 45 gemessen an den Erregerklemmen bzw. dem Erregervorschalt) zeigen bei Leerlauf und Belastung nur ganz schwache und etwas unregelmäßige Vibrationen um das galvanometrische Mittel, ein Zeichen, daß tatsächlich die totale Erregerkreisimpedanz gemäß den Leerbetriebsformeln 31, 32, S. 20, und nicht zu Unrecht für die Belastungsgleichungen 2 bis 6, S. 27, bei der konzentrisch-phasigen Maschine rotationskonstant ist. Die Feldpolschwankungen, so intensiv diese sein mögen, heben sich also auch bei der praktischen Maschine für den ganzen Erregerkreis induktiv nahezu vollständig weg, und die Rückwirkung der Ankerbelastung auf den Erregerstrom (magnetische Rückkoppelung) kommt sozusagen nicht zustande.

Die Leerlaufs-EMKe (nach Fig. 46 $e_1 .. e_4$ getrennt für jede Phasenpolwicklung) und Belastungsspannungen (nach Fig. 47 e_I, e_II je gemeinsam für die parallelgeschalteten Gegenpolphasen) geben ein Bild über die Induktionsperioden der Erregerflüsse als auch der Ankerstromfelder. Die Kurvenformen der Phasen-EMKe zeigen stetig ineinander gekrümmte Stufen, die mit den planimetrisch gemittelten Zonenwerten $\mathfrak{E} = 570$ Volt, $\mathfrak{F} = 305$ Volt aus sämtlichen Phasen keinen üblen Vergleich mit den theoretischen Annahmen von S. 40 zugestehen. Die Kurvenformen der Belastungsspannungen, d. h. der Kommutatorringspannungen zwischen Diametralbürsten (mangels zweier Schleifräder nur in den Bürstenkontaktzonen auf-

Leerlauf.

Belastung.

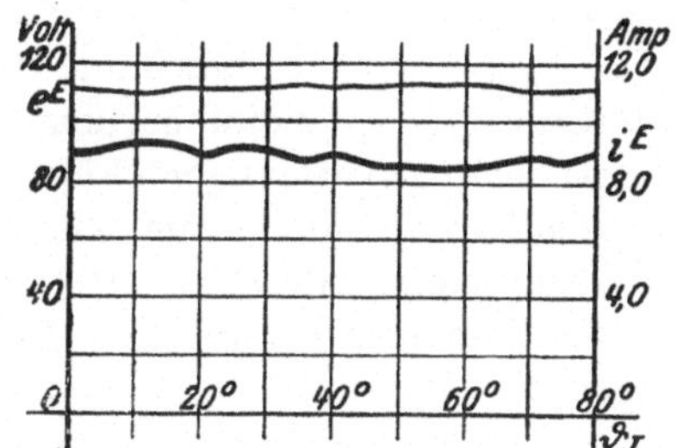

Fig. 44. Erregerspannung u. -Strom.

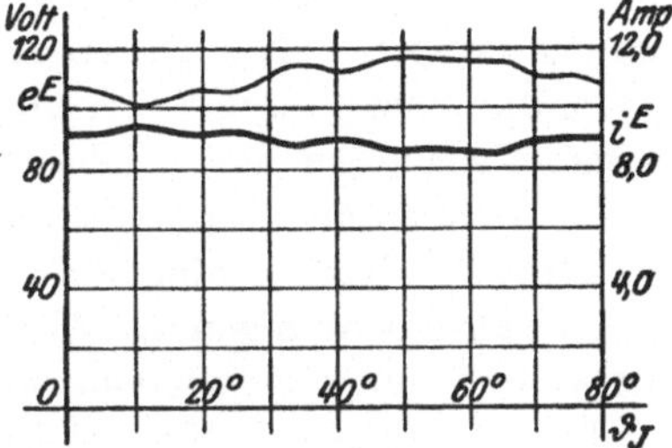

Fig. 45. Erregerspannung u. -Strom.

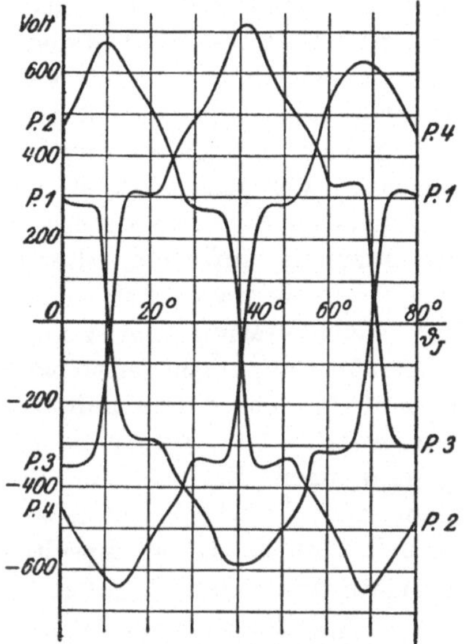

Fig. 46.   Phasen-EMKe.

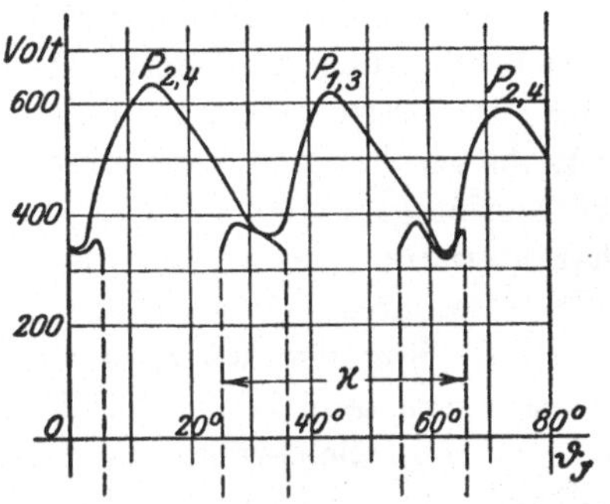

Fig. 47.   Bürstenspannungen.

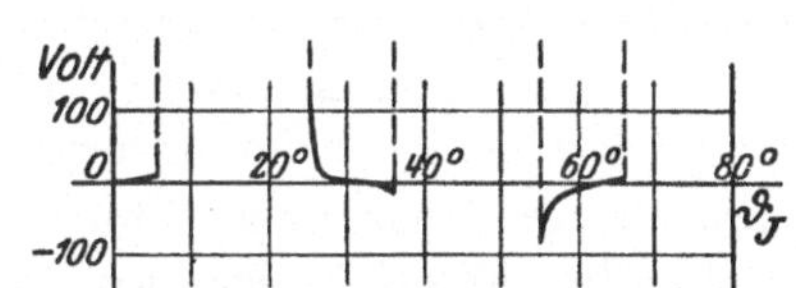

Fig. 48.   Anodenspannung.

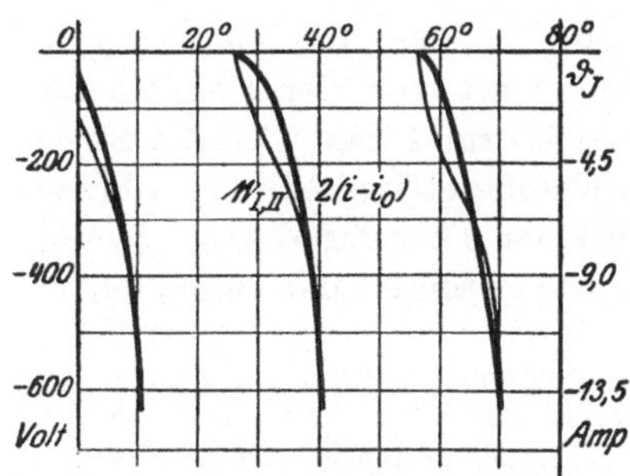

Fig. 49.   Kommutier-EMK.

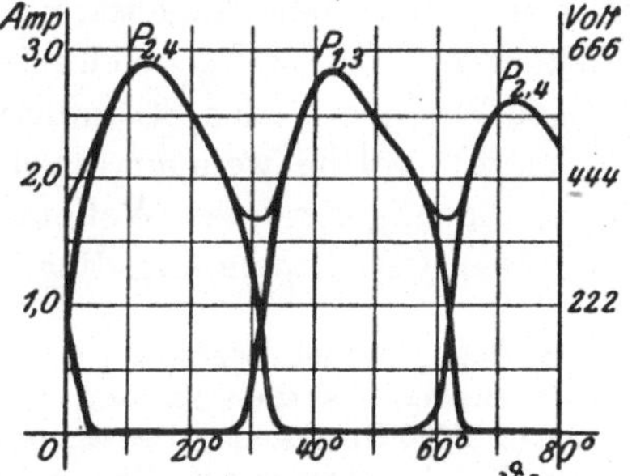

Fig. 50.   Anodenströme.

zunehmen) sind im Vergleich, doch keineswegs bedeutend, durch die Ohmschen und induktiven Spannungsabfälle der Ankerrückwirkung verzerrt. Die Differenz der Ringspannungen bestimmt die Anodendifferenzspannung $e_{a,b}$ und damit die Spannungsbeanspruchung des strombelasteten Gleichrichters; sie ist desto zuverlässiger (Fig. 48) noch experimentell aufgenommen. Schließlich umrandet die Gleichspannung e_g (Kurve identisch mit Gleichstrom von Fig. 50) die Phasenhöchstspannungen im Abstand der Anodenzweigsgefälle (Meßwiderstands- und Lichtbogenspannungen). —

Die Kommutier-EMK (in Fig. 49 $e_{I,II}$ nach der Definition S. 35 der Kommutationstheorie) und Belastungsströme (in Fig. 50 i_a, i_b entsprechend der Phasenstromgleichrichtung) enthalten Ursache und Wirkungsweise des Belastungsvorganges und sind mit der Ankerbetriebsschaltung ermittelt. Die Kommutier-EMK ist als Differenz-EMK der Betriebsphasen direkt an den offenen Enden der einpolig in Reihe geschalteten, parallelverketteten Gegenphasenpaare meßbar[1]). Ihr Zeitintegral $J = \int e_{I,II}\, dt = 2\,qi$ ist gleichsam eine Kommutiercharakteristik, welche bei der vorliegenden Versuchsmaschine den kommutierbaren Gleichstrom i für eine beliebige Stromwendeperiode t angibt. Für den während des Versuchszyklus aufrechterhaltenen Belastungszustand veranschaulichen aber die momentanen Belastungsströme, d. h. Gleichrichteranodenströme, Kommutation und Vollast empirisch am allergenausten. Die Stromüberlappungen erstrecken sich über eine Rotorverdrehung von rund 7,5° bei durchschnittlich (für zwei aufeinanderfolgende Phasenstromwechsel) 1,7 Amp. Kommutations-Grenzgleichstrom; gleichzeitig sind nach Fig. 47 die Belastungsspannungen aneinander angepaßt, bzw. die Gleichrichterspannungsgefälle beider Kommutierzweige sich ähnlich. Dieses Resultat (vergleiche die zusammenstimmenden Werte von τ und I auf S. 41 der Maschinenbetriebsrechnung und den Gleichungsansatz über ε auf S. 31 der Kommutationstheorie) bestätigt wenigstens näherungsweise die Kommutationsformeln und die hiefür benötigten Annahmen. Daß der Gleichstrom i_g (Summe der Anodenströme) im Effektivwert um 30 °/₀ reichlicher ist, rührt von der ziemlich auffälligen Welligkeit (das Strommaximum ist rund das 1,7fache Stromminimum), welche weniger durch die Kommutation selbst, als bereits durch die abgerundeten Wellenimpulse der Leerlaufs-EMKe bedingt ist. Das Gleichspannungsdiagramm und somit das lediglich im

---

[1]) Sog. „ideeller Leerlauf", d. h. mit vollständig stromlosen Spulen wird bei Gegenphasenparallelschaltung in praxi kaum je erreicht, da schon der geringste EMK-Unterschied der Gegenpolwicklungen in den Parallelschaltkreisen Ausgleichsströme hervorruft; die „Spulendifferenzströme" dürften aber schätzungsweise wie deren Feld- und Spannungsveränderung recht nebensächlich sein.

Einheitsmaßstab verschiedene Gleichstromdiagramm ist aber bis
auf die mehr hintanbleibenden Spannungsabfälle bereits durch die
EMK-Wellenkontur vorgezeichnet.

Es fehlt bis jetzt noch die Nullpunktsmarkierung für die Zeit-
abszisse. Zur Orientierung diene Fig. 51, in welcher der Phasenpol 1
genau mitten unter dem Erreger-
pol I' steht und die Lamelle $1'$
des Kommutatoranschlusses A_1
$6,5^0$ Bogenabstand von der „ablaufenden Kante" der Bürste $B_a{}^*$
hat. Der Joubert-Kontakt mißt
dann als Verdrehung des Rotors
aus dem Diagrammnullpunkt $72,5^0$
und jede Rotorstellung ist hiernach
aus der Diagrammzeit eindeutig
zu rekonstruieren. Als Diagramm-
abszissen sind direkt die Rotations-

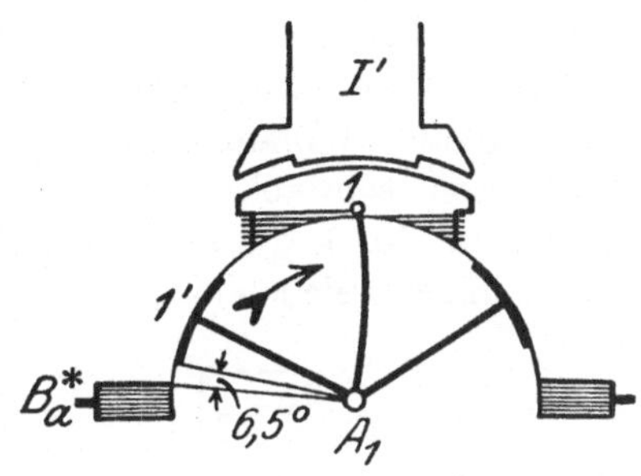

Fig. 51.

winkelgrade aufgetragen, die elektrischen Diagrammzeitgrade sind entsprechend der Umlaufsperiodenzahl 3 gleich dem 3fachen von diesen.

Alle Versuche sind in einer von keinerlei Zwischenversuchen
unterbrochenen Tour zu Protokoll gebracht worden, indem keine
einzige Betriebsstörung eingetreten ist. Dies verbürgt anzunehmen,
daß sämtliche Kurven gut zusammen harmonieren. Indessen dürfte
das qualitativ-physikalische Verhalten der Maschine während des
Betriebs noch eingehend interessieren. — Für den Leerlauf ist
allerdings kaum etwas besonderes zu erwähnen. Die Maschinen-
erwärmung (Magnetisierungs- und Joulesche Wärme) betrug durchaus
zulässig für die Normaltourenzahl und den Erregernormalstrom (S. 39
und 40), gemessen mit Quecksilber-Thermometer in Stanniolpackung,
bei einer Laboratoriumstemperatur von 15^0 an den Feldpolschuhen
durchschnittlich etwa $50^0\,C$ und an den Ankerpolflächen etwa $70^0\,C$.
— Bei der Belastung erhöhte sich der Erwärmungszustand durch die
Ankerströme[1]) wie bei andern dynamo-elektrischen Maschinen nur
unwesentlich. Glimmansetzung und Erhitzung der Hochspannungs-
Wicklungen durch Isolationsströme war nirgends zu konstatieren.
Die Möglichkeit des Stationärbetriebs hing weniger vom Ankerbe-

---

[1]) Damit man sich eine Vorstellung über die Erreger- und Ankerstrom-
wärme machen kann, seien hier noch die aus Spannung und Strom gemessenen
Kaltwiderstände (für 15^0 Cel.) des Erregerseriekreises und der Ankerphasen-
polspulen angegeben. $\qquad r^E = 10,0\ \Omega$

$$r_1 = 5,28\ \Omega, \qquad r_2 = 5,21\ \Omega, \qquad r_3 = 5,31\ \Omega, \qquad r_4 = 5,16\ \Omega.$$

Zur Umwertung auf die Warmwiderstände bediene man sich des Temperatur-
koeffizienten über die spezifische Widerstandszunahme des Kupfers.

trieb als vielmehr der dauernd gut funktionierenden Hochspannungs-Kommutierung ab.

Der Lamellenkommutator mußte entsprechend seiner Wirkungsweise als segmentiertes Doppelring-Schleifrad auch nach längerem Gebrauch glatt und sauber bleiben, wenn Unrundbearbeitung ganz außer Betracht fallen sollte. Nach ungefähr einstündigen Versuchsserien blieben die Gleitbahnen nachgewiesenermaßen gut, insbesondere waren die Ringsegmente bei den kontaktschließenden Lamellenkanten gleißend blank und nur nächst den kontaktbrechenden Segmentkanten schwach brandgeschwärzt. Diese scheinbare Inkonsequenz wird durch die Belastungsstromkurven der Versuchsaufnahmen erklärt, nach welchen (s. Fig. 52) bei Phasenstromeinlaß die Kommu-

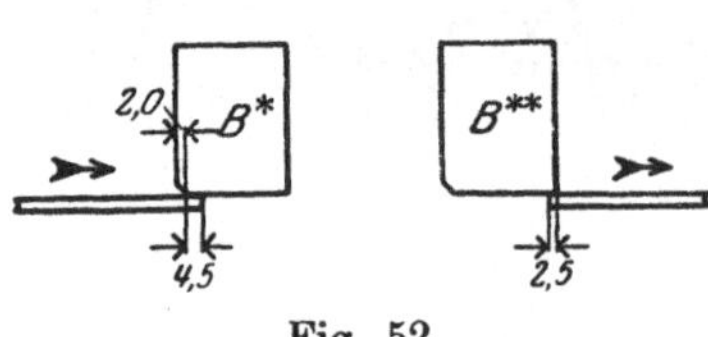

Fig. 52.

tatorbürsten auf den Kupferleitlamellen mit 4,5 mm und bei Phasenstromunterbrechung hingegen nur mit 2,5 mm Breitseite Kontakt machten. Die Bürstenstromdichte blieb also bis kurz vor der Phasenabsperrung (durch den Gleichrichter) unter zulässigen Erwärmungsgrenzen, stieg dann aber rapid zu hoch; dies deckt sich mit der Beobachtung, daß die Bürstengleitflächen während des Betriebs von der Auflaufskante bis gegen die Ablaufskante nahezu dunkel oder höchstens von kaum sichtbaren, prickelnden Fünkchen überzogen schienen, an welche sich aber noch eine schwach leuchtende Lichtkante anschloß. — Immerhin war der Kommutationsbetrieb bereits so gelungen, daß die Kontaktbahnen sich nach jedem längeren Betrieb entweder kalt oder allerhöchst schwach-lau anfühlten und sich somit betreffs Bürstenübergangswiderstand und Spannungsabfall einem geschlossenen Bürstenschleifring gleichwertig verhielten.

Der Ventil-Quecksilberdampf-Gleichrichter wurde ohne weiteres Zutun den Bedingungen des Dauerbetriebes gerecht. Er wurde beim Anlassen durch Hilfsstrom-Lichtbogen fremderregt, dann jedoch für die Anodenlichtbogenzündung sich selbst überlassen. Die Gleichrichterströme mußten sich in die stabile Lichtbogen-Charakteristik einordnen. Meistens gelang die Inbetriebsetzung des Gleichrichters nicht auf einen Schlag, sondern setzte in den ersten Betriebsminuten verschiedene Male aus und blieb erst tätig, sobald die Gleichrichterkathode etwas angewärmt war. Daß der Gleichrichterbetrieb an sich normal zu taxieren war, zeigte sich am gewohnten Zick-Zack-Tanz des Kathoden-Glühpunktes und an den Leuchtfarben der Quecksilberdämpfe, welche in den Ventilstrecken als tief azur-blaue Bänder und in der abseits liegenden Aera der „positiven Lichtsäule" im

Kondensationsdom mehr als violett-rötlicher Lichtschimmer anzusehen waren.

Die Glühlampenbelastung bot lediglich noch eine Bestätigung für die Gleichmäßigkeit des Betriebes, da sowohl gröbere Lichtschwankungen als wechselfrequentes Lichtflimmern sich der Okularbetrachtung entzogen; indes hätte wohl Beobachtung mittels Drehspiegels die Gleichstromwelligkeit durch eine Lichtintensitätsverteilung sichtbar gezeigt.

Tourensteigerung und Überlastung. Nach Gl. 14, S. 41, ist die Kommutationszonenbreite τ des Maschinenbelastungsstromes $\mathfrak{J}$ (bei konstanter Erregung) von der Tourenzahl u unabhängig; es läßt sich also für den Höchststrom (hier gleich 2,2 Amp.) nur die Maschinenspannung variieren. Dies geschah bei der Versuchsmaschine mit der Gegenphasen-Parallelschaltung zwischen 600 bis 1400 Touren. Es wurde also zumindest Spannungsverdoppelung erreicht, doch ohne Aussicht auf funkenfrei kommutierten Dauerstrom. Da nämlich die Maschinenwelle herzlich knapp bemessen ist, stellten sich bei rascherem Umlauf ziemlich starke Rotorschüttelungen ein, welche die Kommutatorbürsten um einen bis mehrere Zehntel Millimeter hüpfen machten. Die Bürstenübergänge zeigten deshalb hin und wieder Perlfeuer, so daß die Kommutatorflächen erwärmt und angegriffen wurden. Als weitere Folge verminderten die Spannungsschwankungen der Bürstenkontaktwiderstände bei den Gleichrichterventilen die Lichtbogenstabilität und der Maschinenstrom setzte manchmal aus. Stabilitätserhöhung war nur durch Belastungsverstärkung und Überlastung der Maschine zu bewirken.

Bei Überströmen entstehen an den Kommutatorkontakten durch die jeweils beim Bürstenkontaktöffnen noch vorhandenen Restströme Abreißlichtbögen. Bei kleineren Tourenzahlen hatten dieselben den typischen Lichtbogencharakter und ihre Farben einen Stich ins Grüne, ein Beweis, daß die Schaltzeiten hinlänglich zur Verdampfung von Kupferspuren ausreichten; bei größeren Tourenzahlen paßten sich dieselben mehr an den Funkenausgleich und ihr Licht glich in verschieden blauen Tönungen demjenigen der Luftfunken ohne nennenswerte Beeinflussung durch die Kontakt- bzw. Elektrodenmaterialien. Interessant ist, daß, wie auf S. 36 behauptet wurde, stets nach einer durch den Überstrom bedingten Öffnungszeit automatische Lichtbogenlöschung eintrat. Bei ca. 5 Amp. Gleichstromstärke betrug der Überschlags- bzw. Kriechfunkenweg längs den Fiberisolierlamellen des Kommutators schätzungsweise 10 mm; stehenbleibendes Ringfeuer zwischen den gegenpolaren Kommutierlamellen kam niemals zustande. Der Gleichrichter hielt sich bei allen diesen Manipulationen sehr gut, da er keinesfalls höheren Spannungen ausgesetzt wurde

und bei Vergrößerung der Lichtbogenströme selbstredend nur um
so sicherer arbeiten mußte.

Kurzschlußbeobachtung. Um die Versuchsmaschine und mit
ihr überhaupt die Hochspannungs-Kommutation noch eingehender
zu studieren, wurde noch eine zweite Maschinenschaltung erprobt
und der Betrieb damit möglichst forciert[1]). Die inversen Anker-
polphasen waren (s. Fig. 53) statt in Parallel- in Reihenschaltung

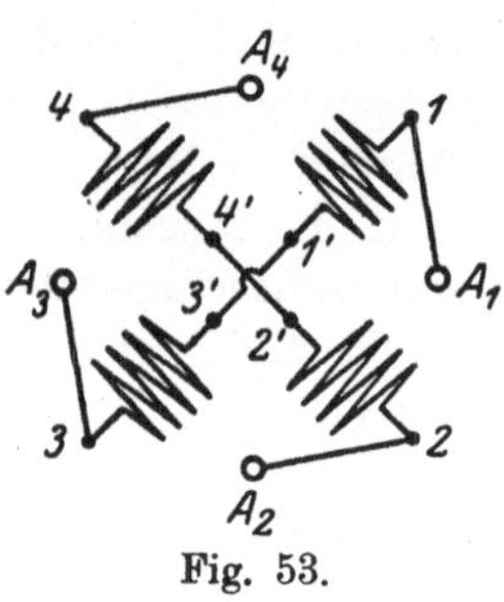

Fig. 53.

benutzt. Für betriebsinvariante u, i^E ist dann
die Maschinenspannung doppelt und der
Maschinenstrom halb so groß. Bei 1,1 Amp.
effektivem Gleichstrom ist indes der Gleichrichter weit von der Grenze seines Stabil-
betriebes und kann nicht selbstzünden. Die
Versuche mit den Gegenphasen-Serieschal-
tungen erfordern somit stärkere Stromüber-
lastung und demonstrieren direkt die hierfür
typischen Erscheinungen. Bei ungefähr
1500 Touren betrug die Gleichspannung (an
„elektrostatischem" Lamellarinstrument) ungefähr 2000 Volt und der
Gleichstrom ließ sich (gemessen an Hitzdrahtinstrument) bis gegen
5 Amp. steigern, ohne daß Betriebsstörungen eingetreten wären.
Nach sehr starker Belastungserhöhung[2]) entstand augenblicklich
Kommutatorrundfeuer, durch welches die Maschinenphasen zwischen
den Kommutatorringlamellen kurzgeschlossen wurden. Die Kurz-
schlußlichtbögen waren zusehends aus Lichtfadenbüscheln und -Streifen
gebildet und erstreckten sich gleichsam von den positiven, grell weiß
aufleuchtenden Gleichrichteranodenbürsten nach den negativen, matt
grünschimmernden Phasenverkettungsbürsten. Der Kurzschlußstrom
konnte nicht gemessen werden, muß aber ziemlich bedeutend gewesen sein, da die Ankerwicklung unmittelbar zu rauchen anfing. —
Der hier beschriebene „innere Phasenkurzschluß" ist stets die Folge
einer mehrfachen Netzstromüberlastung und bedingungslos auch jedes
regelrechten „äußeren Netzkurzschlusses". Die Wirkung kann dann
aber mit explosiver Wucht schon in Bruchteilen von Sekunden —
lange bevor die Maschinenspannung durch das Ankerfeld auf die
„Streuspannung" vermindert ist — verheerend wirken. Vollständige
Betriebssicherheit läßt sich aber nur mittels im Netz oder in den
Phasenzweigen eingebauten Überstromsicherungen — oder sonstigen

---

[1]) Der Antriebs-Gleichstrom-Nebenschlußmotor von 9 PS wurde durch
einen solchen von normal 14 PS ausgewechselt.

[2]) Der noch kommutierbare höchste Kurzschlußstrom beträgt gemäß der
integrierten Gl. 40, S. 35 mehr als 50 Ampere.

Überstromschaltern erlangen, welche je auf den paarfachen Normalstrom reagieren.

Bei diesen stärkeren Belastungsbeanspruchungen hat sich die Versuchsmaschine auch mechanisch nicht ungünstig verhalten; der Maschinenrotor hat wohl etwas stark vibriert, und es ist auch vorgekommen, daß er den Stator einen Moment berührt und Sprühfunken geschlagen hat; im großen und ganzen ist aber beim elektromagnetischen Betrieb nichts Unverhofftes zu verzeichnen.

Die Prüfversuche haben Schritt für Schritt die in der Theorie gegründeten Ansichten über die Hochspannungs-Gleichstrommaschine bestätigt. Der Mehrphaseninduktor stellt dem Entwurf zur Erzeugung der gestuften Phasen-EMKe keine Schwierigkeiten; der Lamellenkommutator bezwingt die Phasenspannungs-Parallelschaltung durch die vorschriftsgemäßen Phasendifferenz-Spannungen. Der Kommutatorbetrieb ist funkenfrei, wenn die Bürstenauflagerungsflächen und die Bürstenstromdichten über die ganzen Durchlaßzonen zulässig bemessen sind, ferner der Gleichrichterbetrieb vor Rückströmen gesichert, wenn die Kommutierspannungen keine Zündspitzen aufweisen[1]). Vom Leistungswirkungsgrad der Hochspannungs-Gleichstrommaschine steht — ungeachtet die Versuchsmaschine diesbezüglich noch keinen hohen Anspruch erhebt — nur Gutes zu erwarten, da die Eisen- und Kupferverluste unter ähnlichen Bedingungen (durch dieselben spezifischen Magnet- und Leitmaterialbeanspruchungen) hervorgerufen werden, wie bei anderen dynamoelektrischen Maschinen, und die Kommutierverluste durch die vergleichsweise zur Maschinenklemmspannung unbedeutsamen Kommutierspannungsabfälle (2 bis 4 Volt an den Kommutatorbürsten und 15 bis 20 Volt in den Gleichrichterventilen) gewöhnlich fast gar nichts zählen.

---

[1]) Es ist hier nachdrücklich darauf hinzuweisen, daß bei den Belastungs-Kommutatorringspannungen der Fig. 47 der Diagrammverlauf während der Kommutationsperiode aperiodisch-monoton ist und ganz besonders nach Abschluß keine Spannungsspitzen (Überspannung in der in die Belastung übergegangenen ersten Kommutierphase und Senkspannung in der in den Leerbetrieb übergegangenen zweiten Kommutierphase) festgestellt sind. Der Phasenspannungsunterschied bleibt deshalb der Gleichrichterbeanspruchung angemessen, und Lichtbogenrückzündung durch zu hohe Rückspannung ist nicht zu befürchten. Sollte dennoch bei Maschinen großer Dimension diese Schwierigkeit sich einstellen, so müßte durch geeignete spannungskompensierende Wicklungen Abhilfe geschaffen werden.

Schluß.

Grenztypen und Typenreihen.

In den drei voranstehenden Hauptabschnitten sind Theorie, Konstruktion und Betrieb der neuen Hochspannungs-Gleichstrommaschine soweit erläutert, daß der geschulte Fachelektriker sich nach verschiedenen Richtungen Einblick in die in das Gebiet einschlägigen Prinzipienfragen verschaffen kann. Wenig Licht verbreiten indes sämtliche Mitteilungen über die Konstruktions- und Betriebswirtschaftlichkeit, zumal die Untersuchungs-Dynamomaschine ihrer teils zufälligen Bauweise und unbedeutenden Betriebsleistung wegen hierüber nur in ganz beschränktem Umfange Aufschluß erteilt. Eine möglichst unbefangene Feststellung der Ausführbarkeitsgrenzen und der innert denselben erzielbaren Maschinenausnützungen ist deshalb nur zu angebracht. Die Besprechung über die Kommutiervorrichtungen (Kommutatoren und Gleichrichter) kann an erster Stelle erfolgen, da durch deren Belastungsbereiche bereits auch die Maschinenspannungen und Stromstärken zwischen Grenzen gehalten werden. Weiterhin ist eine solche Betrachtung auch für den elektro-dynamischen Induktor (induzierbaren Maschinenteil) sinngemäß, da jedenfalls noch der Beweis aussteht, ob dort entsprechende Gleichstromleistungen bei annehmbarer Maschinendimension umzuformen sind.

Der Maschinenkommutator ist bei der Maschine ein Spannungsschaltapparat, der die Phasenzweige stets im Leerbetrieb (d. h. während die Phasen an den in Reihe wirkenden Gleichrichterventilen abgesperrt sind) selbsttätig schließt bzw. öffnet. Es gibt dafür wohl mehrere auf verschiedene Weise funktionierende Einrichtungen, die für beliebige Spannungshöhe konstruiert werden können. Am einfachsten sind die bisher betrachteten, mittels Bürsten mechanisch Kontakt gebenden Lamellenkommutatoren, bei welchen schon durch geringe Luftabstände zwischen den Bürsten und Leitsegmenten beträchtliche Spannungsdifferenzen ertragen werden (da beispielsweise 1 cm Luft zwischen großflächigen Elektroden erst bei ca. 30 000 Volt durchschlagen wird). Die Handhabung eines hoch einzuschätzenden Sicherheitsfaktors ist aber immer angebracht, da in den Bürstengleitbahnen Luftjonisierung niemals ganz ausbleibt. Immerhin stehen schließlich bei sehr hoher Spannung (über 10000 Volt Phasenspannung) als Mittel der Phasentrennung die Vielfach-Funkenstrecken bzw. die Seriebürsten zur Verfügung. Der Kommutator ist dann eine Abart, bei der in jeder Phase zu gleicher Zeit mehrere (zwei oder mehr) seriegeschaltete Bürstenkontakte übereinstimmend betätigt werden, so daß die Spannung sich auf die einzelnen Kontaktunterbruchsstellen verteilt. Eine Gefährdung des Kommutatorbetriebes bringt jede Maschinenüberlastung durch das hierbei entstehende Bürstenfeuer mit sich. Der Lamellenkommutator ist dagegen nur widerstandsfähig, wenn seine Isoliersegmente feuerfest sind. Bei Maschinen, die oft großen Stromstößen ausgesetzt sind, wird man daher vielleicht am besten den Lamellenkommutator durch Anordnungen ersetzen, die quasi mittels elektrischen Ventilen für die Spannungsschaltung die Phasen im Leerlauf und auch bei Belastung abzuschalten vermögen. Ohne auf fertige Konstruktionen Bezug zu nehmen, möge angedeutet sein, daß hierfür beispielsweise mittels Phasensynchronzündern ausgestattete Quecksilberkontakte in Vakuumröhren geeignet scheinen.

Der Maschinengleichrichter ist bekanntlich der Stromschaltapparat, der zwischen zwei am Kommutator geschlossenen Phasen den Betriebsstrom unter dem Einfluß der sich ändernden Phasenspannung umleitet. Man kann entsprechend der prinzipiellen Wirkungsweise von verschiedenen Gleichrichtergattungen sprechen. Von diesen kommen für den Betrieb der Hochspannungs-Gleichstrommaschine jedoch einstweilen nur die Metalldampf-Gleichrichter, insbesondere der ruhende und rotierende Quecksilberdampf-Gleichrichter und die Glühkathodenröhre (gasfreies Glühelektronenventil) in Frage. Dem Quecksilberdampf-Gleichrichter gebührt vorab die erste Stelle, seiner uneingeschränkten Leistungsfähigkeit wegen, für Großbetrieb, da nämlich bei einem Anodenspannungs-Unterschied von $\mathfrak{D} = 2000$ Volt mehrere hundert (bis gegen 300) Amp. pro Aggregat umsteuerbar sind. Die Maschinenleistung steht jedoch zu dieser Gleichrichterleistung entsprechend den Spannungen in dem multiplen Verhältnis $\mathfrak{E}/\mathfrak{D}$. Außerdem sind die Ventilspannungsabfälle der Belastungsströme beim Quecksilberdampf-Gleichrichter nahezu betriebsinvariant und so gering ($15 \div 20$ Volt), daß der Gleichrichtungsverlust den Gesamtwirkungsgrad der Maschine verhältnismäßig schwach beeinflußt. Wenn demnach, d. h. trotz dieser entschiedenen Vorteile des Quecksilberdampf-Gleichrichters die gelegentliche Verwendung der Glühkathodenröhren nicht ganz abzusprechen ist, so geschieht dies, weil die disponierbare Spannung, bei allerdings sehr verringerter

Stromstärke, ungleich höher liegt, z. B. bei 50 Milli-Ampere Betriebsstrom nach ausgeführten Laboratoriumsversuchen bei 10000 und
mehr Volt Gleichrichtungsspannung. In der Glühkathodenröhre wird
der Stromdurchlaß bekanntlich durch einen Elektronenstrom ver-
ursacht, der von einer weißglühenden und mittels besonderen Heiz-
kreises gespeisten Heizspirale (aus Wolframdraht) nach einer oder
mehreren plattenförmigen Anoden übergeht, so daß das Elektroden-
material sichtlich zerstäubt wird. Ein sich selbst regenerierender
Kreisprozeß fehlt, und demgemäß ist auch eine Hochleistungs-Über-
tragung im fortgesetzten Betrieb undenkbar. Ungeachtet bieten
sich aber Betriebseigenschaften, die nur wünschenswert sind. So
zeigt eine Glühkathodenröhre normalerweise einen Sättigungsgrenz-
strom, der im Betrieb auch nicht durch Verringerung des Nutz-
kreiswiderstandes zu überschreiten ist. Man kann leicht den Ma-
schinenhöchststrom derart damit in Übereinstimmung bringen, daß
die funkenfreie Belastungszone des Spannungskommutators limitiert
ist, bzw. bei zu großer Netzwiderstandsabnahme die Entstehung eines
Überstromes durch einen entsprechenden Spannungsabfall des Glüh-
kathodenventils verhindert wird. Weiter ist von Bedeutung, daß
die Glühkathodenröhre mittels „Gitters" ausgerüstet werden kann
und durch die nach der Emissionskathode vorhandene Spannungs-
differenz (hervorgerufen durch sog. Steuerkreis) leicht als relaisartig
funktionierender Ventilapparat herzustellen ist, bei welchem durch
die Spannungsperioden des Steuerkreises die Stromperioden der
Anodenhauptkreise (zwischen Kathode und Anoden) geregelt werden.

Schließlich bleibt nur noch die Frage über das Verhalten des
elektro-dynamischen Maschinen-Induktors offen. Jedenfalls hat die
neue Hochspannungs-Gleichstrommaschine nur dann viel für sich,
wenn die Erzeugung der Hochspannungs-Phasenstromimpulse wirtschaftlich rationell erfolgt. Die Phasenstromhemmung in den Wicklungsinduktivitäten darf höchstens einen solchen Grad beanspruchen,
daß die umkommutierbaren Spulenströme einer dem Maschinengewicht
angemessenen Leistung (ähnlich anderen dynamo-elektrischen Einrichtungen der Elektrotechnik) entsprechen. Diese Untersuchung
bildet gewissermaßen die Fortsetzung der im „Konstruktiven Teil"
S. 51 bis 56 erledigten Aufgabe, der Konstruktion der günstigst
dimensionierten Dynamotypen, indem lediglich für die relativen
Maschinen-Optima (mit verteilten und konzentrischen Hochspannungsphasen) die absoluten Maschinenhauptdimensionen als Charakteristiken
der Maschinenleistung zu bestimmen sind.

Neben den auf S. 56 zusammengestellten spezifischen Material-
und Betriebskonstanten (ϱ, γ, γ_{Fe}, $\mathfrak{H}_\xi$, $\mathfrak{H}_\eta$) sind im folgenden noch
die „Kommutierspannungsquote" σ und die spezifischen Verlust-

ziffern (Erwärmungsverluste in Watt pro Materialeinheitsgewicht in Gramm) des Leitkupfers v^A, v^E am Anker und an der Erregerung, und des Magneteisens v_{Fe} (Durchschnittswert[1]) entsprechend den Verhältnisgewichten des Rotor- und Statoreisens) zu geben:

$$\frac{\mathfrak{D}}{\mathfrak{E}} = \sigma; \quad \frac{P^A}{Q^A} = v^A; \quad \frac{P^E}{Q^E} = v^E; \quad \frac{P_{Fe}}{Q_{Fe}} = v_{Fe} \quad \ldots \ldots 1$$

Mit den folgenden Konstanten[2]) resultiert für

Maschinen mit verteilten Hochspannungsphasen:

$$\Theta = \frac{\sigma \tau}{\beta} \sqrt{n/w}$$

Maschinen mit konzentr. Hochspannungsphasen:

$$\Theta = \frac{1}{2} \frac{\sigma \tau}{\beta (2 - \sigma) m} \sqrt{n \cdot w}$$

---

[1]) Die Verlustziffer v_{Fe} des Eisens ist, da der Anker im Betrieb stets periodischen Ummagnetisierungen, die Felderregung jedoch höchstens gleichpolarisierten Schwankungen unterworfen ist, zu bestimmen als Durchschnittswert

$$v_{Fe} = \frac{Q_{Fe}^A}{Q_{Fe}} v_{Fe}^A + \frac{Q_{Fe}^E}{Q_{Fe}} v_{Fe}^E,$$

der mit den Verhältnisgewichten des Rotor- bzw. Statoreisens multiplizierten Verlustziffern v_{Fe}^A, v_{Fe}^E von Anker und Erregung, wovon indes die zweite gegenüber der ersten meist zu vernachlässigen sein wird.

[2]) Zu den Formeln für Θ gelangt man auf folgendem Wege. Man bilde nach den Gl. 25, 26, S. 53:

$$\frac{P^A Q^A}{P^E Q^E} = \frac{1}{4} \frac{n w}{m^2} \cdot \frac{\mathfrak{J}^2 z^{A2}}{i^{E2} z^{E2}} \quad \ldots \ldots \ldots \ldots a$$

und substituiere hier $i^E z^E$ aus Gl. 39, S. 55, welche vermittels $\mathfrak{H}_\xi/\mathfrak{H}_\eta = \mathfrak{E}/\mathfrak{J}$ auf die Form kommt:

$$\frac{i^E z^E}{z^A} = \frac{\sqrt{\mathfrak{E}^2 - \mathfrak{J}^2}}{8 \pi \omega k} 10^{+9}. \quad \ldots \ldots \ldots \ldots b$$

Der Kommutationsfaktor k ist hinlänglich genau, wenn als Teilfaktor für

Maschinen mit verteilten Hochspannungsphasen:

$$k' = \frac{m \sigma^2}{4 \pi \omega w} \frac{\tau \mathfrak{E}}{\beta \mathfrak{J}} 10^{+9},$$

Maschinen mit konzentr. Hochspannungsphasen:

$$k'' = \frac{\sigma}{8 \pi \omega} \frac{\tau \mathfrak{E}}{\beta \mathfrak{J}} 10^{+9},$$

d. h. von den Formeln 18 bzw. 19, S. 52, je das erste Glied der in Potenzreihen entwickelten Logarithmen-Ausdrücke verwendet wird. Θ ergibt sich dann aus dem Vergleich der hiermit umgeformten Gl. a mit Gl. 2 nächster Seite.

zunächst die leistungsinvariante Beziehung zwischen den Jouleschen Teilverlusten (bzw. den Kupferteilgewichten):

$$\frac{P^A}{P^E} = \Theta \sqrt{\frac{v^A}{v^E}} = \Theta^2 \frac{Q^E}{Q^A} \; . \; \ldots \ldots \ldots \; 2$$

Hiernach ist es mit Gl. 25, S. 53, die nach Substitution von z^A aus Gl. 15, S. 51 und den Optimumswerten $\mathfrak{l}^A = 3\,a\,\mathfrak{r}$, $\mathfrak{t} = 2\,\mathfrak{r}\,a/b$ lautet:

$$P^A\,Q^A = \frac{9}{16}\,\frac{n\,w\,\gamma\,\varrho}{\omega^2\,\mathfrak{r}^2\,\mathfrak{H}_\xi^2}\,\mathfrak{E}^2\,\mathfrak{J}^2 \cdot 10^{+16} \; \ldots \ldots \; 3$$

möglich, P^A, P^E bzw. Q^A, Q^E explizit zu berechnen. Der Anschluß für die Doppelrelation[1]) von $Q_{Cu} = Q^A + Q^E$:

$$\frac{\mathfrak{p}}{\mathfrak{q}}\,Q_{Cu} = \frac{3}{2}\,Q_{Fe} = 3\,\frac{a}{b}\,G\,\mathfrak{r}^3 \; \ldots \ldots \ldots \; 4$$

ist dann in der Weise erreicht, daß der Ankerradius $\mathfrak{r}$ mit der induzierten Phasenleistung $\mathfrak{E}\mathfrak{J}$ in direkter Abhängigkeit steht nach:

$$\mathfrak{r}^4 = \frac{10^8}{4\,a} \cdot \frac{\mathfrak{p}}{\mathfrak{q}} \left(\frac{1}{\sqrt{v^A}} + \frac{1}{\Theta\sqrt{v^E}} \right) \frac{\sqrt{n\,w\,\gamma\,\varrho}}{G\,\omega\,\mathfrak{H}_\xi} \cdot \mathfrak{E}\mathfrak{J} \; \ldots \ldots \; 5$$

Gemäß Gleichung 37, S. 55 ist somit auch die Ankertiefe $\mathfrak{t}$ auf die Leistung bezogen; weiterhin fügt sich dem der Luftspalt $\mathfrak{l}_\xi = (1 - \sigma)\,\mathfrak{l}_\eta$ entsprechend den Gleichungen 22 und 41, S. 53 und 56, wie folgt bei:

$$\mathfrak{l}_\xi = \frac{m}{8\,\pi}\,\frac{\sqrt{\sigma\,(2 - \sigma)}}{k \cdot \bar{i}^2\,\omega^2\,\mathfrak{r}^2} \,,$$

d. h. nach Wegschaffung der Symbole $\bar{i}$, k (Festsetzung von Fußnote [2]), S. 75) durch:

$$\mathfrak{l}_\xi = \frac{1}{2}\,\frac{\sqrt{n\,w}}{\Theta}\,\frac{\mathfrak{E}\mathfrak{J}}{\omega\,\mathfrak{r}^2\,\mathfrak{H}_\xi^2}\,10^{+7} \; \ldots \ldots \ldots \; 6$$

Ferner lassen sich die Leistungsverluste P_{Cu}, P_{Fe} noch auf die Leistungsgewichte Q_{Cu}, Q_{Fe} bzw. die Phasenleistung $\mathfrak{E}\mathfrak{J}$ (Formeln 4 und 5) beziehen durch:

---

[1]) Diese Doppelgleichung folgt unmittelbar nach Gl. 30, S. 54, und Fußnote [2]), S. 54.

[2]) Für k sind die mit den Wurzelfaktoren der Definitionsgleichungen (S. 52) multiplizierten Teilfaktoren k', k'' der Fußnote [2]) S. 75 auch hier übernommen; es erscheint bei zweckmäßiger Formulierung der Gleichung dann auch hier das mit den Ausdrücken auf S. 75 übereinstimmende Θ.

$$P_{Fe} = \frac{2}{3} v_{Fe} \frac{\Theta/\sqrt{v^A} + 1/\sqrt{v^E}}{\Theta\sqrt{v^A} + \sqrt{v^E}} \cdot \frac{\mathfrak{p}}{\mathfrak{q}}\, P_{Cu} = v_{Fe} Q_{Fe} \quad \ldots \ldots 7$$

Nach diesen Betrachtungen gelten in Abhängigkeit der induzierten Leistung $\mathfrak{L} = \mathfrak{E}\mathfrak{J}$[1]) folgende Dimensionierungscharakteristiken:

$$\mathfrak{r},\ \mathfrak{t}\ \text{prop}\ \mathfrak{L}^{1/4} \qquad\qquad \mathfrak{l}_\xi,\ \mathfrak{l}_\eta\ \text{prop}\ \mathfrak{L}^{1/2}$$
$$Q_{Cu},\ Q_{Fe}\ \text{prop}\ \mathfrak{L}^{3/4} \qquad\qquad P_{Cu},\ P_{Fe}\ \text{prop}\ \mathfrak{L}^{3/4}.$$

Die hier entwickelte Dimensionierungstheorie bezweckt die Normalisierung der Leistungstypen unter dem Gesichtspunkt der vorteilhaftesten Konstruktionsökonomie, bzw. die Aufstellung von Typenreihen mit geometrisch ähnlichen, und durch gleiche spezifische Verluste beanspruchten Typen. Nach ihr ist von den Größen $\mathfrak{E}$, $\mathfrak{J}$ keine, weder auf die Maschinenkonfiguration noch auf das Maschinengewicht von prävalierendem Einfluß, indem bei sämtlichen Bestimmungen nur das denselben zukommende Leistungsprodukt $\mathfrak{E} \cdot \mathfrak{J}$ entscheidet. — Ist einmal die Wirtschaftlichkeit der Hochspannungs-Gleichstrommaschine für mäßige Spannung (z. B. 1000 Volt), sei es rechnerisch oder empirisch erwiesen, kann weiter auch kein Zweifel für höhere Spannungen mehr bestehen. Es ist vielmehr aus der Untersuchung einleuchtend, daß bei einem durch seine Eisenkonstruktion vorgegebenen Maschinentyp bei Veränderung der Phasenwindungszahl die Ankerspannung proportional, hingegen die funkenfrei kommutierbare Grenzstromstärke gerade reziprok variiert.

Einige Fundamentaleigenschaften der Charakteristiken sollen hier noch hervorgehoben werden. Bei den Maschinen einer Typenreihe steht die Leistungsgröße mit den Konstruktionsgewichten und den Leistungsverlusten nicht in linearem, sondern dem Potenz-Verhältnis 4/3. Durch Maschinenvergrößerung muß dementsprechend ·die Konstruktions- und Betriebswirtschaftlichkeit steigen, bzw. die auf das Maschinengewicht bezogene spezifische Durchschnittsleistung und der elektro-dynamische Leistungswirkungsgrad. Dieser ist die Verhältnisziffer der Generatornutzleistung zur elektro-mechanischen Antriebsleistung des Maschineninduktors und entsprechend seiner Definition aus der induzierten Maschinenleistung und den oben betrachteten Teilverlusten bestimmt durch:

$$1 - \frac{P^A + P^E + P_{Fe}}{w\,\mathfrak{E}\mathfrak{J} + P^E + P_{Fe}} = \frac{\mathfrak{L}^{1/4} - \text{konst}_1}{\mathfrak{L}^{1/4} - \text{konst}_2} = \eta \quad \ldots \ldots 8$$

---

[1]) Die induzierte Phasenleistung steht mit der gesamten Ankerleistung in Beziehung durch

$$\mathfrak{E}\mathfrak{J} = \frac{1}{w}\, E\dot{I},$$

wenn der Spannungsabfall am Gleichrichter außer Acht gelassen wird.

Dieses Resultat weist insbesondere darauf hin, daß für lim $\mathfrak{L} = \infty$ sich η asymptotisch der Einheit nähert, was anders gesprochen nur ein Ausdruck dafür ist, daß $\mathfrak{L}$ in inf. einer höheren Ordnung zustrebt als die Verluste. Andererseits ist bedeutungsvoll, daß die untere Leistungsgrenze, welche noch einen (positiven) Nutzwirkungsgrad verspricht, keineswegs bei $\mathfrak{L} = 0$, sondern einem endlich definiten Wert von $\mathfrak{L}$ liegt. Bei genügender Kleinheit verzehrt schließlich eine elektro-dynamische Maschine mehr Erregerleistung als sie Ankerleistung zu induzieren vermag.

Anschließend soll noch ein konkretes Konstruktionsbeispiel mitfolgen, welches besonders über die Wahl der Maßeinheiten bei den Dimensionierungsformeln orientieren soll. Um die Ausführungsbereiche etwas großzügig markieren zu können, möge hier eine 4 polige 2 - Phasenmaschine mit verteilter Ankerwicklung (Tourbomaschine für 1500 Touren/Minute) der ansehnlichen Leistung $\mathfrak{L}$ von 1000 Kilowatt vorausgesetzt sein. Zu geben sind folgende Ziffern, wie solche etwa normalerweise verlauten dürften[1]):

$$m = 2\,; \qquad n = 2\,; \qquad\qquad u = 1500\ \mathrm{T/min}\,; \qquad\qquad \mathfrak{E}\mathfrak{J} = 10^{+6}\ \mathrm{W}$$
$$\mathfrak{D}/\mathfrak{E} = {}^1/_4\,; \quad v^A = 0{,}008\ \mathrm{W/gr}\,; \quad v^E = 0{,}006\ \mathrm{W/gr}\,; \qquad\qquad v_{Fe} = 0{,}0015\ \mathrm{W/gr}$$
$$\tau/\beta = {}^1/_3\,; \quad \gamma = 8{,}8\ \mathrm{gr/cm^3}\,; \quad \varrho = 0{,}018 \cdot 10^{-4}\ \Omega/\mathrm{cm^3}\,; \quad '\gamma_{Fe} = 7{,}6\ \mathrm{gr/cm^3}$$
$$\mathfrak{p}/\mathfrak{q} = 5\,; \qquad a = 1{,}571\,; \qquad G = 60{,}0\ \mathrm{gr/cm^3}\,; \qquad\qquad \mathfrak{H}_\xi = 10^{+4}\ \mathrm{CGS}.$$

Die Auswertung liefert dann aus den Formeln:

$$2\,\mathfrak{r} = 55{,}2\ \mathrm{cm}\,; \quad \mathfrak{t} = 86{,}7\ \mathrm{cm}\,; \quad \mathfrak{l}_\xi = 2{,}51\ \mathrm{cm}\,; \quad \eta = 98{,}7\,{}^0/_0\,{}^2).$$

Die Maschine (gekennzeichnet durch Rotorhauptabmessungen $\mathfrak{r}$, $\mathfrak{t}$, $\mathfrak{l}_\xi$ [und $\mathfrak{l}_\eta$] und Wirkungsgrad η) stellt sich also betreffs Größe und Leistungsfähigkeit ebensogut wie die gewöhnlichen, mechanischkommutierenden Gleichstrommaschinen. Ergänzend wäre nur hinzuzufügen, daß praktische Maschinen etwa $50^0/_0$ Überlastbarkeit zulassen müssen und ein diesbezüglicher Leistungszuschlag schon für die Konstruktionsdisponierung bei $\mathfrak{L}$ vorzumerken ist. Demgemäß könnte die in Betracht stehende Maschine im Normalleistungsbetrieb auch nur etwa mit $0{,}66 \cdot 10^3$ KW beansprucht werden.

Aus den berechneten Ergebnissen resultieren die Konstruktions-

---

[1]) a ist entsprechend Gl. 33, S. 55 bestimmt zu $\pi/2$. G ist schätzungsweise so angenommen, als ob der Rotoranker aus vollen Kreisblechen (vom Radius $\mathfrak{r}^*$) und die Statorerregung aus Kreisringblechen (mit Begrenzungsradien $\mathfrak{r}^*$, $2\mathfrak{r}^*$), von denen jedoch durch die Feldpollücken die Hälfte ausgeschnitten ist, hergestellt seien.

[2]) Der hier berechnete Luftspalt ist, vgl. S. 56, der sog. „ideelle“ Maschinenluftspalt der inneren Erregerpolstufen; der wirkliche Luftspalt ist wegen den Magneteisenwiderständen entsprechend Gl. 42, S. 56 vielleicht 20—40$^0/_0$ geringer, d. h. etwa zu 2,0—1,5 cm anzunehmen.

maße für andere Leistungstypen der ganzen Typenreihe entsprechend den Gleichungen 5 und 6 nach der Gleichung:

$$\frac{r'^2}{r''^2} = \sqrt{\frac{\mathfrak{L}'}{\mathfrak{L}''}} = \frac{l'_\xi}{l'_\xi}. \qquad \dots \dots \dots \quad 9$$

Irgendeine eindeutige obere Leistungsgrenze für die Konstruktion des elektro-dynamischen Induktors kann natürlich nicht angegeben werden, da nach dem Gefundenen der Konstruktionsnutzgrad der Hochspannungs-Gleichstrommaschine sich fortschreitend mit der Leistungsvergrößerung verbessert. Die Grenztypen sind deshalb mehr nach den betriebstechnischen Erfahrungen (über die mechanische Festigkeit, Isoliersicherheit und Erwärmung der Maschinen), welche entsprechend der speziellen Konstruktionsausführung der Typen verschieden ausfallen können, nach individuellen Gesichtspunkten zu normieren.

Normalkonstruktionen und Konstruktionsvarianten.

Die Abhandlung hat sich bis dahin streng an die Beschreibung des Hochspannungsgenerators gehalten und den Hochspannungsmotor nur, wo dies unbedingt nötig war, in die Betrachtung gezogen. Man ist daher mit den Auseinandersetzungen bis hier in der Lage, die ganze Kette von Überlegungen als eine logisch notwendige Folge anzuerkennen, und den Weg von der Erfindung bis zu den Toren ihrer Anwendung mit sämtlichen prinzipiell wichtigen Stationen in einer Strecke zu durchmessen. Das Erreichte ist Anfang und Ende zugleich, es begründet die Anwendbarkeit eines neuen technischen Transformationsprinzipes der Wechselstrom-Gleichstromumformung und erschließt eine bisher nicht dagewesene Perspektive auf das Wirkungsfeld der Hochspannungs-Gleichstromtechnik.

Hochspannungsgenerator und Hochspannungsmotor arbeiten als gleichstromerregte Mehrphasenmaschinen mit Phasenparallelschaltkommutierung. Normalerweise vollführen die Phasen-EMKe dreistufige Halbwechselschwingungen von einer Spannung $\mathfrak{E}$ der inneren Betriebszonen β für den Phasenvollstromdurchlaß und einer Spannung $\mathfrak{F}$ für die äußeren Überlappungszonen δ', δ'' der Kommutationsbetätigung (Zu- bzw. Abschalten der äußeren Stufen-EMKe durch den Maschinenkommutator nach dem Maschinengleichrichter und daselbst Umleitung der Phasenströme durch die Phasendifferenz-EMKe). Der Stufenschritt $\mathfrak{D} = \mathfrak{E} - \mathfrak{F}$ ist aber beim Generator positiv, beim Motor hingegen negativ; die Phasenstromkommutierung ist aus diesem Grunde, vgl. S. 36 beim ersteren in beliebigem Überlastungsbereich stabil, beim letzteren jedoch von einer kritischen Grenze an labil. — Man kann das Stromkommutationsintervall wohl dadurch von der Maschinenbelastung unabhängiger machen, daß man die Stufenfelderzeugung nicht durch die Ungleichheit des Maschinenluftspaltes (d. h. mit radialversetzten Erregerpolflächen), sondern durch Erregerhaupt- und Nebenpole von verschiedener Magnetintensität erzielt. Der Ankerhochspannungsstrom kann dann leicht in wenigen Zusatzwindungen (Compounderregung) derart um die Teilpole herumgeführt werden[1]), daß von Leerlauf bis zur Höchstbelastung der Stufenspannungsunterschied durch die Betriebsstromstärke um ein Gleichmaß ändert. Diese Methode der Stufenspannungsregelung versagt auch dann nicht, wenn ein Generator in einen Motor umgeschaltet werden soll, wobei lediglich die Compoundwindungen umzupolarisieren sind.

Soll der Hochspannungsgenerator oder Hochspannungsmotor für den Betrieb an ein gegebenes Netz geschlossen sein, so ist beim Anlassen umsichtige Netzparallelschaltung zu bezwecken; es muß zumindest durch den regulären oder einen Hilfsantrieb auf genügend Tourenlauf der Maschine für Spannungsübereinstimmung abgestellt werden. Beim Motor könnte jede Spannungsabweichung einen für die Kommutierstabilität sehr fraglichen Stromeinschwingungsvorgang zur Folge haben.

Die bereits nach mancherlei Richtung besprochene Hochspannungskommutation läßt sich allgemein gültiger bzw. für weit unbeschränktere Anwendung als „Betriebsverfahren" beschreiben, das für die (generatorische) Wechsel→Gleichstromumformung auch bei sinusförmigen Wechselspannungen richtige Funktion verspricht. Die Phasenbetriebsstufen existieren natürlich auch in diesem Fall (Betriebszonen sind die sich aneinanderreihenden Sinuskulminationsbögen und Überlappungszonen, die sich überkreuzenden Sinusseiten der aufeinanderfolgenden Phasenhalbwellen), nur gehen sie ohne jede Abgrenzung stetig ineinander über. Die Kommutation erledigt sich auch mit den nämlichen Vorrichtungen (Bürstenkontaktapparat und Gleichrichter) qualitativ wie bei regulärem Stufenspannungsbetrieb, sie unterscheidet sich lediglich quantitativ durch die Funktionszeitverläufe (erzwungene Schwingungen entsprechend den allgemeinen Integralen Gl. 17 und 18, S. 30). Die Kommutiersicherheit verliert insofern, als die Phasenstromwendung gegen Kommutationsschluß rapid auf ein Maximum steigt, so daß in den Phasen leichter durch „Überspannungsspitzen" am Gleichrichter Rückstromimpulse ver-

---

[1]) Die Compoundamperewindungen verstärken bzw. schwächen beim Generator (und umgekehrt beim Motor) die Haupt- bzw. Nebenpolfelder der stationären Erregerwindungen und sind demgemäß auch von gegenläufigem Spulenumgang unter sich.

ursacht werden; zudem stehen Gleichspannung und Gleichstrom unter der je nach der Phasenzahl mehr oder weniger ausgesprochenen Sinuswelligkeit.

Der Hochspannungs-Einankerumformer richtet seine Betriebsweise hiernach; er dient in nicht umkehrbarem Richtungssinn zur Gleichstromverwandlung von Wechselstrom bei superponiertem Ankerstrombetrieb. Sind die induktiven Spannungsveränderungen gering, so löschen Speise- und Nutzströme sich in den Phasen größtenteils aus und die Belastungsfähigkeit gewinnt mangels erwärmungstüchtiger Kupferverluste. — Das Konstruktionsprinzip entspricht der folgenden Synthese. Bei einem gleichstromerregten (rotierenden) Mehrphasenanker mit Sternschaltung seien die Wechselstromzuführungen mittels Bürstenschleifringen erzielt, während die Gleichstromentnahme von homologen Phasenanzapfungspunkten (mit je gleichvielen Zwischenwindungen nach dem Phasensternpunkt) über den Hochspannungskommutator (synchrontouriger Bürstenkommutator und Mehrphasengleichrichter) mit Rückmündung nach der Sternpunktsverkettung erfolgt. Selbstredend kann nach diesem Schema jeweils nur der positive Phasenspannungsimpuls Gleichstrombelastung liefern, welche durch eine äquivalente Wechselstrombelastung (von ungefähr gleicher Phasenamperewindungszahl) gedeckt wird. Sollen die vom Gleichstrom unbelasteten Phasenzweige durch die der Stromkontinuität am Phasensternpunkt entspringenden Wechselrückströme möglichst verschont bleiben, so ist beim Wechselnetz ein Nulleiter bzw. eine Erdrückleitung vorzusehen. — Eine Ausnützung sämtlicher (d. h. der positiven wie der negativen) Wechselhalbwellen für die Gleichstromabzapfung wäre nur denkbar, wenn die verschiedenen Wechselphasen getrennte Einphasensysteme bilden, die lediglich während der Gleichstromkommutation durch den mechanischen Kommutator zwischen verschiedenen Anoden des Gleichrichters und dem negativen Gleichstromnetzpol parallel arbeiten.

Ein Hochspannungs-Einankerumformer muß bei Inbetriebsetzung nach den Regeln synchronisiert werden, einerseits also auf die der Wechselfrequenz synchrone Normaltourenzahl und andererseits auf die Wechselnetzspannung gebracht werden. Bei der Netzparallelschaltung ist stärkeres Anpendeln nur ausgeschlossen, wenn die Eigenfrequenz mit der Netzfrequenz langsame Differenzschwebungen bzw. stehende Wellen gibt.

Schließlich ist noch die Hochspannungsgleichrichtung eine letzte, hier zu besprechende Nutzanwendung der Hochspannungskommutierung; sie geht hervor, wenn statt den Maschinenphasen einfache Wechselnetzphasen vorhanden sind, deren Spannungen die Rolle der elektrodynamisch erzeugten Maschinen-EMKe übernehmen.

Der Bürstenkommutator ist dann gleichsam ein Phasensynchronschalter, der mittels eines von der Wechselfrequenz gespeisten Synchronmotors angetrieben, die Betriebsphasen im Rhythmus der Wechselschwingungen an den Gleichrichter schaltet. Ohne mehr ist die Gleichspannung bis auf die Kommutierspannungsverluste unmittelbar gleich der wirksamen Wechselspannung. Spannungsregelung ist indes durch Vorschaltung eines gewöhnlichen Wechselstromtransformators möglich, der bei nicht zu großer Spannungsauf- bzw. Abtransformierung zur Vermeidung hoher Verluste ein Autotransformator (mit teilweise gemeinschaftlicher Primär- und Sekundärwicklung) sein kann. Dieser muß, falls nur die einen Wechselstromhalbwellen gleichgerichtet werden, mit einem freiliegenden Phasensternpunkt zum Anschluß des negativen Gleichstrompoles (und evt. des Wechselstromnulleiters) konstruiert sein; falls jedoch beide Wechselstromimpulse genützt werden, in ähnlicher Weise wie beim Hochspannungs-Einankerumformer eine aus mehreren selbständigen Einphasenkreisen zusammengehörige Mehrphasenwicklung aufweisen. Eine dermaßen entwickelte Hochspannungs-Gleichrichtung ist auch für schwächeren Belastungsstrombetrieb, wie leicht einzusehen ist, bei erheblich einfacherer Herstellungsweise und Betriebsmanipulation imstande, den Hochspannungs-Einankerumformer zu ersetzen.